N° D'ORDRE
175.

THÈSES

PRÉSENTÉES

A LA FACULTÉ DES SCIENCES DE PARIS

POUR OBTENIR

LE GRADE DE DOCTEUR ÈS SCIENCES MATHÉMATIQUES,

PAR M. PAINVIN.

THÈSE DE MÉCANIQUE. ÉTUDES SUR LES ÉTATS VIBRATOIRES D'UNE COUCHE SOLIDE, HOMOGÈNE ET D'ÉLASTICITÉ CONSTANTE, COMPRISE ENTRE DEUX ELLIPSOÏDES HOMOFOCAUX.

THÈSE D'ASTRONOMIE. DIFFÉRENTES FORMES DES ÉQUATIONS DIFFÉRENTIELLES DANS LE PROBLÈME DES TROIS CORPS.

Soutenues le 26 Juin 1854 devant la Commission d'examen.

MM. CHASLES, *Président.*
LAMÉ,
DELAUNAY, } *Examin*

PARIS,
MALLET-BACHELIER, IMPRIMEUR-LIBRAIRE
de l'École Polytechnique, du Bureau des Longitudes,
Rue du Jardinet, 12.

1854.

N° D'ORDRE
175.

THÈSES

PRÉSENTÉES

A LA FACULTÉ DES SCIENCES DE PARIS

POUR OBTENIR

LE GRADE DE DOCTEUR ÈS SCIENCES MATHÉMATIQUES,

PAR M. PAINVIN.

THÈSE DE MÉCANIQUE. ÉTUDES SUR LES ÉTATS VIBRATOIRES D'UNE COUCHE SOLIDE, HOMOGÈNE ET D'ÉLASTICITÉ CONSTANTE, COMPRISE ENTRE DEUX ELLIPSOÏDES HOMOFOCAUX.

THÈSE D'ASTRONOMIE. DIFFÉRENTES FORMES DES ÉQUATIONS DIFFÉRENTIELLES DANS LE PROBLÈME DES TROIS CORPS.

Soutenues le 19 Juin 1854 devant la Commission d'examen.

MM. CHASLES, *Président.*
LAMÉ, DELAUNAY, } *Examinateurs.*

PARIS,
MALLET-BACHELIER, IMPRIMEUR-LIBRAIRE
de l'École Polytechnique, du Bureau des Longitudes,
Rue du Jardinet, 12.

1854.

ACADÉMIE DÉP^LE DE LA SEINE.

FACULTÉ DES SCIENCES DE PARIS.

Doyen	MILNE EDWARDS, Professeur..	Zoologie, Anatomie, Physiologie.
Professeurs honoraires.	Le baron THENARD.	
	BIOT.	
	MIRBEL.	
	PONCELET.	
Professeurs	CONSTANT PREVOST	Géologie.
	DUMAS	Chimie.
	DESPRETZ	Physique.
	STURM	Mécanique.
	DELAFOSSE	Minéralogie.
	BALARD	Chimie.
	LEFÉBURE DE FOURCY	Calcul différentiel et intégral.
	CHASLES	Géométrie supérieure.
	LE VERRIER	Astronomie physique.
	DUHAMEL	Algèbre supérieure.
	GEOFFROY-SAINT-HILAIRE.	Anatomie, Physiologie comparée, Zoologie.
	LAMÉ	Calcul des probabilités, Physique mathématique.
	DELAUNAY	Mécanique physique.
	PAYER	Botanique.
	C. BERNARD	Physiologie générale.
	P. DESAINS	Physique.
	N.	Astronomie mathématique et Mécanique céleste.
Agrégés	MASSON	Sciences physiques.
	PELIGOT	Sciences physiques.
	BERTRAND	Sciences mathématiques.
	J. VIEILLE	Sciences mathématiques.
	DUCHARTRE	Sciences naturelles.
Secrétaire	E. P. REYNIER.	

THÈSE DE MÉCANIQUE.

ETUDES SUR LES ÉTATS VIBRATOIRES D'UNE COUCHE SOLIDE, HOMOGÈNE ET D'ÉLASTICITÉ CONSTANTE, COMPRISE ENTRE DEUX ELLIPSOIDES HOMOFOCAUX.

Lorsque, dans l'étude des états vibratoires d'un corps homogène et d'élasticité constante, on se borne à la recherche des mouvements permanents et périodiques, on sait que les vibrations se partagent en deux classes, les vibrations *longitudinales* et les vibrations *transversales* [*]. Les premières, perpendiculaires aux ondes planes développées par l'ébranlement, se propagent avec une vitesse uniforme plus grande que celles des secondes, qui restent parallèles à ces mêmes ondes. Si l'on introduit ces deux vitesses de propagation, que nous désignerons avec M. Lamé par Ω et ω dans les équations aux différentielles partielles qui régissent les petits mouvements intérieurs du corps, on obtiendra les équations différentielles qui déterminent les mouvements vibratoires de la première classe, dont la périodicité dépend de Ω, en annulant les coefficients de ω; celles qui déterminent les vibrations de la deuxième classe, dont la périodicité dépend de ω, se trouveront en exprimant que la dilatation est nulle.

Partant des équations de l'élasticité dans un système de coordonnées curvilignes quelconques, je démontre que les équations qui ré-

[*] *Leçons sur la théorie mathématique de l'élasticité*, par M. Lamé, page 137.

gissent les mouvements intérieurs appartenant à l'une ou à l'autre classe seront entièrement connues lorsqu'on aura intégré l'équation aux différentielles partielles

$$\frac{d^2F}{dt^2} = C\Delta_2 F;$$

C étant une constante et $\Delta_2 F$ le paramètre différentiel du second ordre de la fonction F.

Ce théorème est donné par M. Lamé pour le cas des coordonnées rectilignes [*].

J'étudie ensuite les états vibratoires d'une couche homogène et d'élasticité constante, comprise entre deux ellipsoïdes homofocaux, en me plaçant dans les circonstances suivantes : l'enveloppe est entourée d'air, et les forces qui ont produit l'ébranlement initial ont été appliquées normalement à la surface. Je me bornerai à l'examen des vibrations longitudinales.

§ I.

Les équations qui régissent les vibrations longitudinales et transversales seront entièrement connues lorsqu'on aura intégré l'équation aux différentielles partielles

$$\frac{d^2F}{dt^2} = C\Delta_2 F.$$

Écrivons d'abord les équations générales de l'élasticité en coordonnées curvilignes.

Soient

$$\rho_1 = f_1(x, y, z),$$
$$\rho_2 = f_2(x, y, z),$$
$$\rho_3 = f_3(x, y, z),$$

trois systèmes de surfaces orthogonales 2 à 2.

---

[*] *Leçons sur la théorie mathématique de l'élasticité*, par M. Lamé, page 144.

Le paramètre différentiel du premier ordre sera

$$(1)\qquad h_i^2 = \left(\frac{d\rho_i}{dx}\right)^2 + \left(\frac{d\rho_i}{dy}\right)^2 + \left(\frac{d\rho_i}{dz}\right)^2,$$

devant avoir les valeurs 1, 2, 3.

Le paramètre différentiel du second ordre d'une fonction quelconque φ de x, y, z, exprimée en ρ_1, ρ_2, ρ_3, est

$$(2)\qquad \left\{ \begin{aligned} \Delta_2\varphi &= \frac{d^2\varphi}{dx^2} + \frac{d^2\varphi}{dy^2} + \frac{d^2\varphi}{dz^2} \\ &= h_1 h_2 h_3 \left(\frac{d\cdot \frac{h_1}{h_2 h_3}\frac{d\varphi}{d\rho_1}}{d\rho_1} + \frac{d\cdot \frac{h_2}{h_3 h_1}\frac{d\varphi}{d\rho_2}}{d\rho_2} + \frac{d\cdot \frac{h_3}{h_1 h_2}\frac{d\varphi}{d\rho_3}}{d\rho_3} \right) \end{aligned} \right.$$ [*].

En un point M (x, y, z) ou (ρ_1, ρ_2, ρ_3), les trois surfaces se coupent suivant trois courbes que l'on appelle *axes curvilignes,* et que je désignerai par s_1, s_2, s_3.

L'axe des s_1, intersection des surfaces ρ_2 et ρ_3, est normal à la surface ρ_1; les axes des s_2 et des s_3 jouissent de propriétés analogues.

Nous désignons par R_1, R_2, R_3 les projections du déplacement du point M sur les normales respectives aux surfaces ρ_1, ρ_2, ρ_3.

La *dilatation* au point M sera donnée par la formule

$$(3)\qquad \theta = h_1 h_2 h_3 \left(\frac{d.\frac{R_1}{h_2 h_3}}{d\rho_1} + \frac{d.\frac{R_2}{h_3 h_1}}{d\rho_2} + \frac{d.\frac{R_3}{h_1 h_2}}{d\rho_3} \right).$$

Les équations qui expriment les lois du déplacement moléculaire seront

---

[*] Mémoire de M. Lamé sur les coordonnées curvilignes (*Journal de Mathématiques,* tome V).

$$
(4)\left\{
\begin{aligned}
&(\lambda + 2\mu)\frac{d\theta}{d\rho_1} + \mu\,\frac{h_2 h_3}{h_1}\left\{
\frac{d.\dfrac{h_1 h_3}{h_2}\left(\dfrac{d.\dfrac{R_1}{h_1}}{d\rho_3} - \dfrac{d.\dfrac{R_3}{h_3}}{d\rho_1}\right)}{d\rho_3}
-\frac{d.\dfrac{h_1 h_2}{h_3}\left(\dfrac{d.\dfrac{R_2}{h_2}}{d\rho_1} - \dfrac{d.\dfrac{R_1}{h_1}}{d\rho_2}\right)}{d\rho_2}
\right\} = \frac{\delta}{h_1}\left(\frac{d^2 R_1}{dt^2} - F_1\right),\\
&(\lambda + 2\mu)\frac{d\theta}{d\rho_2} + \mu\,\frac{h_3 h_1}{h_2}\left\{
\frac{d.\dfrac{h_2 h_1}{h_3}\left(\dfrac{d.\dfrac{R_2}{h_2}}{d\rho_1} - \dfrac{d.\dfrac{R_1}{h_1}}{d\rho_2}\right)}{d\rho_1}
-\frac{d.\dfrac{h_2 h_3}{h_1}\left(\dfrac{d.\dfrac{R_3}{h_3}}{d\rho_2} - \dfrac{d.\dfrac{R_2}{h_2}}{d\rho_3}\right)}{d\rho_3}
\right\} = \frac{\delta}{h_2}\left(\frac{d^2 R_2}{dt^2} - F_2\right),\\
&(\lambda + 2\mu)\frac{d\theta}{d\rho_3} + \mu\,\frac{h_1 h_2}{h_3}\left\{
\frac{d.\dfrac{h_3 h_2}{h_1}\left(\dfrac{d.\dfrac{R_3}{h_3}}{d\rho_2} - \dfrac{d.\dfrac{R_2}{h_2}}{d\rho_3}\right)}{d\rho_2}
-\frac{d.\dfrac{h_3 h_1}{h_2}\left(\dfrac{d.\dfrac{R_1}{h_1}}{d\rho_3} - \dfrac{d.\dfrac{R_3}{h_3}}{d\rho_1}\right)}{d\rho_1}
\right\} = \frac{\delta}{h_3}\left(\frac{d^2 R_3}{dt^2} - F_3\right).
\end{aligned}
\right.
$$

F_1, F_2, F_3 sont les composantes, suivant les axes des s_1, s_2, s_3, des forces extérieures qui agissent sur la masse du corps;

δ est la densité de ce même corps, λ et μ sont deux constantes qui peuvent se déterminer par l'expérience pour chaque corps.

Si l'on multiplie la première équation par $\frac{h_1}{h_2 h_3}$, et qu'on la différentie par rapport à ρ_1;

Si l'on multiplie la deuxième équation par $\frac{h_2}{h_3 h_1}$, et qu'on la différentie par rapport à ρ_2;

Si l'on multiplie la troisième équation par $\frac{h_3}{h_1 h_2}$, et qu'on la différentie par rapport à ρ_3;

Et qu'on ajoute les résultats, on arrive à la formule remarquable qui régit la dilatation :

$$(5)\qquad \frac{d^2\theta}{dt^2} = \frac{\lambda + 2\mu}{\delta}\Delta_2\theta + h_1h_2h_3\left(\frac{d.\frac{F_1}{h_2h_3}}{d\rho_1} + \frac{d.\frac{F_2}{h_3h_1}}{d\rho_2} + \frac{d.\frac{F_3}{h_1h_2}}{d\rho_3}\right).$$

La force élastique qui s'exerce en un point M sur les éléments plans respectivement perpendiculaires aux axes des s_1, s_2, s_3, a pour composantes, suivant

(6)	l'axe des s_1,	l'axe des s_2,	l'axe des s_3,	lorsque l'élément plan est perpendiculaire.
	N'_1	T'_3	T'_2	à l'axe des s_1,
	T'_3	N'_2	T'_1	à l'axe des s_2,
	T'_2	T'_1	N'_3	à l'axe des s_3.

Les N'_i, T'_i sont données par les formules

$$(7)\quad\begin{cases} N'_1 = \lambda\theta + 2\mu\left[\dfrac{d.R_1h_1}{d\rho_1} - \dfrac{1}{h_1}\left(R_1h_1\dfrac{dh_1}{d\rho_1} + R_2h_2\dfrac{dh_1}{d\rho_2} + R_3h_3\dfrac{dh_1}{d\rho_3}\right)\right], \\ N'_2 = \lambda\theta + 2\mu\left[\dfrac{d.R_2h_2}{d\rho_2} - \dfrac{1}{h_2}\left(R_1h_1\dfrac{dh_2}{d\rho_1} + R_2h_2\dfrac{dh_2}{d\rho_2} + R_3h_3\dfrac{dh_2}{d\rho_3}\right)\right], \\ N'_3 = \lambda\theta + 2\mu\left[\dfrac{d.R_3h_3}{d\rho_3} - \dfrac{1}{h_3}\left(R_1h_1\dfrac{dh_3}{d\rho_1} + R_2h_2\dfrac{dh_3}{d\rho_2} + R_3h_3\dfrac{dh_3}{d\rho_3}\right)\right]: \end{cases}$$

$$(8)\quad\begin{cases} T'_1 = \mu\dfrac{1}{h_2h_3}\left(h_2^2\dfrac{d.R_3h_3}{d\rho_2} + h_3^2\dfrac{d.R_2h_2}{d\rho_3}\right), \\ T'_2 = \mu\dfrac{1}{h_3h_1}\left(h_3^2\dfrac{d.R_1h_1}{d\rho_3} + h_1^2\dfrac{d.R_3h_3}{d\rho_1}\right), \\ T'_3 = \mu\dfrac{1}{h_1h_2}\left(h_1^2\dfrac{d.R_2h_2}{d\rho_1} + h_2^2\dfrac{d.R_1h_1}{d\rho_2}\right). \end{cases}$$

Ces formules se trouvent dans le Mémoire de M. Lamé, inséré dans le *Journal de Mathématiques*, tome VI, 1841 ; il n'y a d'autre modification que relativement aux constantes λ et μ, puisqu'il est indispensable d'admettre que ces coefficients sont inégaux.

Enfin on a encore le groupe de formules :

$$(9)\quad\begin{cases} f_1 = mN'_1 + nT'_3 + pT'_2, \\ f_2 = mT'_3 + nN'_2 + pT'_1, \\ f_3 = mT'_2 + nT'_1 + pN'_3. \end{cases}$$

f_1, f_2, f_3 sont les composantes de la force élastique exercée en un point M sur l'élément plan ϖ, cette force étant rapportée à l'unité de surface; m, n, p sont les cosinus des angles que la normale à la surface ϖ fait avec les axes s_1, s_2, s_3.

Ces formules jouissent d'une triple propriété :

1°. Ce sont les *équations à la surface;*

2°. Elles donnent les composantes de la force élastique exercée sur un élément plan quelconque passant par le point M, en fonction des N'_i, T'_i;

3°. Elles démontrent ce théorème remarquable :

Si, en un même point d'un milieu solide, E *et* E' *sont les forces élastiques exercées sur deux éléments plans* ϖ *et* ϖ', *ayant respectivement pour normales* L *et* L', *la projection de* E *sur* L' *est égale à la projection de* E' *sur* L.

Introduisons les vitesses de propagation

$$\Omega = \sqrt{\frac{\lambda + 2\mu}{\delta}} \quad \text{et} \quad \omega = \sqrt{\frac{\mu}{\delta}}$$

dans les équations (4), faisons abstraction des forces extérieures F_1, F_2, F_3, et posons

$$(10) \quad \left\{ \begin{aligned} E &= \frac{h_2 h_3}{h_1}\left(\frac{d.\frac{R_3}{h_3}}{d\rho_2} - \frac{d.\frac{R_2}{h_2}}{d\rho_3}\right), \\ F &= \frac{h_3 h_1}{h_2}\left(\frac{d.\frac{R_1}{h_1}}{d\rho_3} - \frac{d.\frac{R_3}{h_3}}{d\rho_1}\right), \\ G &= \frac{h_1 h_2}{h_3}\left(\frac{d.\frac{R_2}{h_2}}{d\rho_1} - \frac{d.\frac{R_1}{h_1}}{d\rho_2}\right); \end{aligned} \right.$$

elles se transforment dans les suivantes :

$$(11) \quad \left\{ \begin{aligned} \frac{1}{h_1}\frac{d^2 R_1}{dt^2} &= \Omega^2 \frac{d\theta}{d\rho_1} + \omega^2 \frac{h_2 h_3}{h_1}\left(\frac{dF}{d\rho_3} - \frac{dG}{d\rho_2}\right), \\ \frac{1}{h_2}\frac{d^2 R_2}{dt^2} &= \Omega^2 \frac{d\theta}{d\rho_2} + \omega^2 \frac{h_3 h_1}{h_2}\left(\frac{dG}{d\rho_1} - \frac{dE}{d\rho_3}\right), \\ \frac{1}{h_3}\frac{d^2 R_3}{dt^2} &= \Omega^2 \frac{d\theta}{d\rho_3} + \omega^2 \frac{h_1 h_2}{h_3}\left(\frac{dE}{d\rho_2} - \frac{dF}{d\rho_1}\right). \end{aligned} \right.$$

Passons maintenant à la démonstration du théorème énoncé; nous considérerons successivement les vibrations longitudinales et les vibrations transversales.

I. — *Vibrations longitudinales.*

Il faut que les termes en ω^2 disparaissent; alors les équations (11) deviennent

$$(12)\qquad \left\{\begin{aligned} \frac{1}{h_1}\frac{d^2R_1}{dt^2} &= \Omega^2\frac{d\theta}{d\rho_1},\\ \frac{1}{h_2}\frac{d^2R_2}{dt^2} &= \Omega^2\frac{d\theta}{d\rho_2},\\ \frac{1}{h_3}\frac{d^2R_3}{dt^2} &= \Omega^2\frac{d\theta}{d\rho_3}.\end{aligned}\right.$$

Si, de la troisième équation différentiée par rapport à ρ_2, on retranche la deuxième différentiée par rapport à ρ_3, en ayant égard aux formules (10), on trouve la première des relations

$$\frac{d^2E}{dt^2} = 0, \quad \frac{d^2F}{dt^2} = 0, \quad \frac{d^2G}{dt^2} = 0;$$

les deux autres s'obtiennent par un calcul analogue.

On a donc

$$E = C't + C;$$

or E doit être de même périodicité que R_1, R_2, R_3, par conséquent

$$(13)\qquad (E = 0, \quad F = 0, \quad G = 0).$$

Pour que les relations (13) soient satisfaites, il faut et il suffit que

$$(14)\qquad \left(\frac{R_1}{h_1} = \frac{dF}{d\rho_1}, \quad \frac{R_2}{h_2} = \frac{dF}{d\rho_2}, \quad \frac{R_3}{h_3} = \frac{dF}{d\rho_3}\right),$$

F étant une fonction de ρ_1, ρ_2, ρ_3, qu'il faut déterminer par la condition qu'elle satisfait aux équations (12) et aux conditions de la surface. Si l'on substitue ces valeurs dans l'équation (12), on voit qu'elles sont satisfaites, si F est une fonction qui vérifie l'équation aux différentielles partielles

$$(15)\qquad \frac{d^2F}{dt^2} = \Omega^2\Delta_2F;$$

car les valeurs (14), en ayant égard aux formules (2) et (3), donnent

$$(16)\qquad \theta = \Delta_2F.$$

La proposition se trouve donc démontrée pour les vibrations longitudinales.

II. — *Vibrations transversales.*

Il est nécessaire d'établir quelques formules préliminaires.

On a les relations

$$(17)\quad \begin{cases} \dfrac{d\rho_1}{dx}\dfrac{d\rho_2}{dx}+\dfrac{d\rho_1}{dy}\dfrac{d\rho_2}{dy}+\dfrac{d\rho_1}{dz}\dfrac{d\rho_2}{dz}=0,\\ \dfrac{d\rho_2}{dx}\dfrac{d\rho_3}{dx}+\dfrac{d\rho_2}{dy}\dfrac{d\rho_3}{dy}+\dfrac{d\rho_2}{dz}\dfrac{d\rho_3}{dz}=0,\\ \dfrac{d\rho_3}{dx}\dfrac{d\rho_1}{dx}+\dfrac{d\rho_3}{dy}\dfrac{d\rho_1}{dy}+\dfrac{d\rho_3}{dz}\dfrac{d\rho_1}{dz}=0,\end{cases}$$

qui expriment que les surfaces ρ_1, ρ_2, ρ_3, sont orthogonales deux à deux;

$$(18)\quad \begin{cases} h_1^2=\left(\dfrac{d\rho_1}{dx}\right)^2+\left(\dfrac{d\rho_1}{dy}\right)^2+\left(\dfrac{d\rho_1}{dz}\right)^2,\\ h_2^2=\left(\dfrac{d\rho_2}{dx}\right)^2+\left(\dfrac{d\rho_2}{dy}\right)^2+\left(\dfrac{d\rho_2}{dz}\right)^2,\\ h_3^2=\left(\dfrac{d\rho_3}{dx}\right)^2+\left(\dfrac{d\rho_3}{dy}\right)^2+\left(\dfrac{d\rho_3}{dz}\right)^2,\end{cases}$$

d'après la formule (1).

On a identiquement

$$(19)\quad \begin{cases} \dfrac{d\rho_1}{dx}\dfrac{dx}{d\rho_1}+\dfrac{d\rho_1}{dy}\dfrac{dy}{d\rho_1}+\dfrac{d\rho_1}{dz}\dfrac{dz}{d\rho_1}=1,\\ \dfrac{d\rho_1}{dx}\dfrac{dx}{d\rho_2}+\dfrac{d\rho_1}{dy}\dfrac{dy}{d\rho_2}+\dfrac{d\rho_1}{dz}\dfrac{dz}{d\rho_2}=0,\\ \dfrac{d\rho_1}{dx}\dfrac{dx}{d\rho_3}+\dfrac{d\rho_1}{dy}\dfrac{dy}{d\rho_3}+\dfrac{d\rho_1}{dz}\dfrac{dz}{d\rho_3}=0;\\[1ex] \dfrac{d\rho_2}{dx}\dfrac{dx}{d\rho_1}+\dfrac{d\rho_2}{dy}\dfrac{dy}{d\rho_1}+\dfrac{d\rho_2}{dz}\dfrac{dz}{d\rho_1}=0,\\ \dfrac{d\rho_2}{dx}\dfrac{dx}{d\rho_2}+\dfrac{d\rho_2}{dy}\dfrac{dy}{d\rho_2}+\dfrac{d\rho_2}{dz}\dfrac{dz}{d\rho_2}=1,\\ \dfrac{d\rho_2}{dx}\dfrac{dx}{d\rho_3}+\dfrac{d\rho_2}{dy}\dfrac{dy}{d\rho_3}+\dfrac{d\rho_2}{dz}\dfrac{dz}{d\rho_3}=0;\\[1ex] \dfrac{d\rho_3}{dx}\dfrac{dx}{d\rho_1}+\dfrac{d\rho_3}{dy}\dfrac{dy}{d\rho_1}+\dfrac{d\rho_3}{dz}\dfrac{dz}{d\rho_1}=0,\\ \dfrac{d\rho_3}{dx}\dfrac{dx}{d\rho_2}+\dfrac{d\rho_3}{dy}\dfrac{dy}{d\rho_2}+\dfrac{d\rho_3}{dz}\dfrac{dz}{d\rho_2}=0,\\ \dfrac{d\rho_3}{dx}\dfrac{dx}{d\rho_3}+\dfrac{d\rho_3}{dy}\dfrac{dy}{d\rho_3}+\dfrac{d\rho_3}{dz}\dfrac{dz}{d\rho_3}=1.\end{cases}$$

Or, des relations (17) et (18) on déduit

$$(20)\quad \begin{cases}
\frac{d\rho_1}{dx}\frac{1}{h_1^2}\frac{d\rho_1}{dx}+\frac{d\rho_1}{dy}\frac{1}{h_1^2}\frac{d\rho_1}{dy}+\frac{d\rho_1}{dz}\frac{1}{h_1^2}\frac{d\rho_1}{dz}=1,\\
\frac{d\rho_1}{dx}\frac{1}{h_2^2}\frac{d\rho_2}{dx}+\frac{d\rho_1}{dy}\frac{1}{h_2^2}\frac{d\rho_2}{dy}+\frac{d\rho_1}{dz}\frac{1}{h_2^2}\frac{d\rho_2}{dz}=0,\\
\frac{d\rho_1}{dx}\frac{1}{h_3^2}\frac{d\rho_3}{dx}+\frac{d\rho_1}{dy}\frac{1}{h_3^2}\frac{d\rho_3}{dy}+\frac{d\rho_1}{dz}\frac{1}{h_3^2}\frac{d\rho_3}{dz}=0;\\
\frac{d\rho_2}{dx}\frac{1}{h_1^2}\frac{d\rho_1}{dx}+\frac{d\rho_2}{dy}\frac{1}{h_1^2}\frac{d\rho_1}{dy}+\frac{d\rho_2}{dz}\frac{1}{h_1^2}\frac{d\rho_1}{dz}=0,\\
\frac{d\rho_2}{dx}\frac{1}{h_2^2}\frac{d\rho_2}{dx}+\frac{d\rho_2}{dy}\frac{1}{h_2^2}\frac{d\rho_2}{dy}+\frac{d\rho_2}{dz}\frac{1}{h_2^2}\frac{d\rho_2}{dz}=1,\\
\frac{d\rho_2}{dx}\frac{1}{h_3^2}\frac{d\rho_3}{dx}+\frac{d\rho_2}{dy}\frac{1}{h_3^2}\frac{d\rho_3}{dy}+\frac{d\rho_2}{dz}\frac{1}{h_3^2}\frac{d\rho_3}{dz}=0;\\
\frac{d\rho_3}{dx}\frac{1}{h_1^2}\frac{d\rho_1}{dx}+\frac{d\rho_3}{dy}\frac{1}{h_1^2}\frac{d\rho_1}{dy}+\frac{d\rho_3}{dz}\frac{1}{h_1^2}\frac{d\rho_1}{dz}=0,\\
\frac{d\rho_3}{dx}\frac{1}{h_2^2}\frac{d\rho_2}{dx}+\frac{d\rho_3}{dy}\frac{1}{h_2^2}\frac{d\rho_2}{dy}+\frac{d\rho_3}{dz}\frac{1}{h_2^2}\frac{d\rho_2}{dz}=0,\\
\frac{d\rho_3}{dx}\frac{1}{h_3^2}\frac{d\rho_3}{dx}+\frac{d\rho_3}{dy}\frac{1}{h_3^2}\frac{d\rho_3}{dy}+\frac{d\rho_3}{dz}\frac{1}{h_3^2}\frac{d\rho_3}{dz}=1.
\end{cases}$$

Comparant les équations (19) et (20), on déduit les formules

$$(21)\quad \begin{cases}
\frac{d\rho_1}{dx}=h_1^2\frac{dx}{d\rho_1}, & \frac{d\rho_1}{dy}=h_1^2\frac{dy}{d\rho_1}, & \frac{d\rho_1}{dz}=h_1^2\frac{dz}{d\rho_1},\\
\frac{d\rho_2}{dx}=h_2^2\frac{dx}{d\rho_2}, & \frac{d\rho_2}{dy}=h_2^2\frac{dy}{d\rho_2}, & \frac{d\rho_2}{dz}=h_2^2\frac{dz}{d\rho_2},\\
\frac{d\rho_3}{dx}=h_3^2\frac{dx}{d\rho_3}, & \frac{d\rho_3}{dy}=h_3^2\frac{dy}{d\rho_3}, & \frac{d\rho_3}{dz}=h_3^2\frac{dz}{d\rho_3}.
\end{cases}$$

Substituant ces valeurs dans les formules (17) et (18), on conclut

$$(22)\quad \begin{cases}
\left(\frac{dx}{d\rho_1}\right)^2+\left(\frac{dy}{d\rho_1}\right)^2+\left(\frac{dz}{d\rho_1}\right)^2=\frac{1}{h_1^2},\\
\left(\frac{dx}{d\rho_2}\right)^2+\left(\frac{dy}{d\rho_2}\right)^2+\left(\frac{dz}{d\rho_2}\right)^2=\frac{1}{h_2^2},\\
\left(\frac{dx}{d\rho_3}\right)^2+\left(\frac{dy}{d\rho_3}\right)^2+\left(\frac{dz}{d\rho_3}\right)^2=\frac{1}{h_3^2};
\end{cases}$$

$$(23)\quad \left\{\begin{aligned} &\frac{dx}{d\rho_1}\frac{dx}{d\rho_3}+\frac{dy}{d\rho_1}\frac{dy}{d\rho_3}+\frac{dz}{d\rho_1}\frac{dz}{d\rho_3}=0,\\ &\frac{dx}{d\rho_3}\frac{dx}{d\rho_1}+\frac{dy}{d\rho_3}\frac{dy}{d\rho_1}+\frac{dz}{d\rho_3}\frac{dz}{d\rho_1}=0,\\ &\frac{dx}{d\rho_1}\frac{dx}{d\rho_2}+\frac{dy}{d\rho_1}\frac{dy}{d\rho_2}+\frac{dz}{d\rho_1}\frac{dz}{d\rho_2}=0. \end{aligned}\right.$$

Enfin, ces dernières formules conduisent aux relations

$$(24)\quad \left\{\begin{aligned} &\frac{dz}{d\rho_2}\frac{dy}{d\rho_3}-\frac{dz}{d\rho_3}\frac{dy}{d\rho_2}=\frac{h_1}{h_2h_3}\frac{dx}{d\rho_1},\\ &\frac{dx}{d\rho_2}\frac{dz}{d\rho_3}-\frac{dx}{d\rho_3}\frac{dz}{d\rho_2}=\frac{h_1}{h_2h_3}\frac{dy}{d\rho_1},\\ &\frac{dy}{d\rho_2}\frac{dx}{d\rho_3}-\frac{dy}{d\rho_3}\frac{dx}{d\rho_2}=\frac{h_1}{h_2h_3}\frac{dz}{d\rho_1};\\ &\frac{dz}{d\rho_3}\frac{dy}{d\rho_1}-\frac{dz}{d\rho_1}\frac{dy}{d\rho_3}=\frac{h_2}{h_3h_1}\frac{dx}{d\rho_2},\\ &\frac{dx}{d\rho_3}\frac{dz}{d\rho_1}-\frac{dx}{d\rho_1}\frac{dz}{d\rho_3}=\frac{h_2}{h_3h_1}\frac{dy}{d\rho_2},\\ &\frac{dy}{d\rho_3}\frac{dx}{d\rho_1}-\frac{dy}{d\rho_1}\frac{dx}{d\rho_3}=\frac{h_2}{h_3h_1}\frac{dz}{d\rho_2};\\ &\frac{dz}{d\rho_1}\frac{dy}{d\rho_2}-\frac{dz}{d\rho_2}\frac{dy}{d\rho_1}=\frac{h_3}{h_1h_2}\frac{dx}{d\rho_3},\\ &\frac{dx}{d\rho_1}\frac{dz}{d\rho_2}-\frac{dx}{d\rho_2}\frac{dz}{d\rho_1}=\frac{h_3}{h_1h_2}\frac{dy}{d\rho_3},\\ &\frac{dy}{d\rho_1}\frac{dx}{d\rho_2}-\frac{dy}{d\rho_2}\frac{dx}{d\rho_1}=\frac{h_3}{h_1h_2}\frac{dz}{d\rho_3}. \end{aligned}\right.$$

Maintenant nous pouvons aborder la proposition que nous avons en vue.

Les valeurs particulières de R_1, R_2, R_3, appartenant à l'un des mouvements vibratoires dont la périodicité dépend de ω, devront être telles que

$$\theta=0,$$

c'est-à-dire que

$$(25)\quad h_1h_2h_3\left(\frac{d\cdot\frac{R_1}{h_2h_3}}{d\rho_1}+\frac{d\cdot\frac{R_2}{h_3h_1}}{d\rho_2}+\frac{d\cdot\frac{R_3}{h_1h_2}}{d\rho_3}\right)=0;$$

cette condition sera identiquement satisfaite, si R_1, R_2, R_3 sont de la forme

$$(26)\quad \left\{\begin{aligned}
\frac{R_1}{h_2 h_3} &= \frac{dX}{d\rho_2}\frac{dx}{d\rho_3} - \frac{dX}{d\rho_3}\frac{dx}{d\rho_2} + \frac{dY}{d\rho_2}\frac{dy}{d\rho_3} - \frac{dY}{d\rho_3}\frac{dy}{d\rho_2} + \frac{dZ}{d\rho_2}\frac{dz}{d\rho_3} - \frac{dZ}{d\rho_3}\frac{dz}{d\rho_2},\\
\frac{R_2}{h_3 h_1} &= \frac{dX}{d\rho_3}\frac{dx}{d\rho_1} - \frac{dX}{d\rho_1}\frac{dx}{d\rho_3} + \frac{dY}{d\rho_3}\frac{dy}{d\rho_1} - \frac{dY}{d\rho_1}\frac{dy}{d\rho_3} + \frac{dZ}{d\rho_3}\frac{dz}{d\rho_1} - \frac{dZ}{d\rho_1}\frac{dz}{d\rho_3},\\
\frac{R_3}{h_1 h_2} &= \frac{dX}{d\rho_1}\frac{dx}{d\rho_2} - \frac{dX}{d\rho_2}\frac{dx}{d\rho_1} + \frac{dY}{d\rho_1}\frac{dy}{d\rho_2} - \frac{dY}{d\rho_2}\frac{dy}{d\rho_1} + \frac{dZ}{d\rho_1}\frac{dz}{d\rho_2} - \frac{dZ}{d\rho_2}\frac{dz}{d\rho_1},
\end{aligned}\right.$$

X, Y, Z étant de nouvelles fonctions périodiques comme R_1, R_2, R_3.

Or, si l'on a égard à la formule

$$\frac{dF}{d\rho} = \frac{dF}{dx}\frac{dx}{d\rho} + \frac{dF}{dy}\frac{dy}{d\rho} + \frac{dF}{dz}\frac{dz}{d\rho},$$

et si l'on pose

$$(27)\quad \left\{\begin{aligned}
\frac{dY}{dz} - \frac{dZ}{dy} &= a,\\
\frac{dZ}{dx} - \frac{dX}{dz} &= b,\\
\frac{dX}{dy} - \frac{dY}{dx} &= c,
\end{aligned}\right.$$

les relations (26) deviennent

$$(28)\quad \left\{\begin{aligned}
\frac{R_1}{h_2 h_3} &= \frac{h_1}{h_2 h_3}\left(a\frac{dx}{d\rho_1} + b\frac{dy}{d\rho_1} + c\frac{dz}{d\rho_1}\right)\\
&= \frac{1}{h_1 h_2 h_3}\left(a\frac{d\rho_1}{dx} + b\frac{d\rho_1}{dy} + c\frac{d\rho_1}{dz}\right),\\
\frac{R_2}{h_3 h_1} &= \frac{h_2}{h_3 h_1}\left(a\frac{dx}{d\rho_2} + b\frac{dy}{d\rho_2} + c\frac{dz}{d\rho_2}\right)\\
&= \frac{1}{h_1 h_2 h_3}\left(a\frac{d\rho_2}{dx} + b\frac{d\rho_2}{dy} + c\frac{d\rho_2}{dz}\right),\\
\frac{R_3}{h_1 h_2} &= \frac{h_3}{h_1 h_2}\left(a\frac{dx}{d\rho_3} + b\frac{dy}{d\rho_3} + c\frac{dz}{d\rho_3}\right)\\
&= \frac{1}{h_1 h_2 h_3}\left(a\frac{d\rho_3}{dx} + b\frac{d\rho_3}{dy} + c\frac{d\rho_3}{dz}\right).
\end{aligned}\right.$$

Calculons E, F, G, équations (10), en introduisant ces valeurs :

$$E = \frac{h_2 h_3}{h_1}\left(\frac{d\cdot\frac{R_3}{h_3}}{d\rho_2} - \frac{d\cdot\frac{R_2}{h_2}}{d\rho_3}\right),$$

$$E = \frac{h_2 h_3}{h_1}\left\{\begin{array}{l} \dfrac{d\cdot\frac{R_3}{h_3}}{dx}\dfrac{dx}{d\rho_2} - \dfrac{d\cdot\frac{R_2}{h_2}}{dx}\dfrac{dx}{d\rho_3} + \dfrac{d\cdot\frac{R_3}{h_3}}{dy}\dfrac{dy}{d\rho_2} - \dfrac{d\cdot\frac{R_2}{h_2}}{dy}\dfrac{dy}{d\rho_3} \\ \qquad\qquad + \dfrac{d\cdot\frac{R_3}{h_3}}{dz}\dfrac{dz}{d\rho_2} - \dfrac{d\cdot\frac{R_2}{h_2}}{dz}\dfrac{dz}{d\rho_3} \end{array}\right\},$$

$$E = \frac{h_2 h_3}{h_1}\left\{\begin{array}{l} \dfrac{dx}{d\rho_2}\left(\dfrac{da}{dx}\dfrac{dx}{d\rho_3} + \dfrac{db}{dx}\dfrac{dy}{d\rho_3} + \dfrac{dc}{dx}\dfrac{dz}{d\rho_3}\right) - \dfrac{dx}{d\rho_3}\left(\dfrac{da}{dx}\dfrac{dx}{d\rho_2} + \dfrac{db}{dx}\dfrac{dy}{d\rho_2} + \dfrac{dc}{dx}\dfrac{dz}{d\rho_2}\right) \\ \dfrac{dy}{d\rho_2}\left(\dfrac{da}{dy}\dfrac{dx}{d\rho_3} + \dfrac{db}{dy}\dfrac{dy}{d\rho_3} + \dfrac{dc}{dy}\dfrac{dz}{d\rho_3}\right) - \dfrac{dy}{d\rho_3}\left(\dfrac{da}{dy}\dfrac{dx}{d\rho_2} + \dfrac{db}{dy}\dfrac{dy}{d\rho_2} + \dfrac{dc}{dy}\dfrac{dz}{d\rho_2}\right) \\ \dfrac{dz}{d\rho_2}\left(\dfrac{da}{dz}\dfrac{dx}{d\rho_3} + \dfrac{db}{dz}\dfrac{dy}{d\rho_3} + \dfrac{dc}{dz}\dfrac{dz}{d\rho_3}\right) - \dfrac{dz}{d\rho_3}\left(\dfrac{da}{dz}\dfrac{dx}{d\rho_2} + \dfrac{db}{dz}\dfrac{dy}{d\rho_2} + \dfrac{dc}{dz}\dfrac{dz}{d\rho_2}\right) \end{array}\right\},$$

$$+\frac{h_2 h_3}{h_1}\left\{\begin{array}{l} a\left\{\begin{array}{l} \dfrac{d\cdot\frac{dx}{d\rho_3}}{dx}\dfrac{dx}{d\rho_2} + \dfrac{d\cdot\frac{dx}{d\rho_3}}{dy}\dfrac{dy}{d\rho_2} + \dfrac{d\cdot\frac{dx}{d\rho_3}}{dz}\dfrac{dz}{d\rho_2} - \dfrac{d\cdot\frac{dx}{d\rho_2}}{dx}\dfrac{dx}{d\rho_3} \\ \qquad\qquad - \dfrac{d\cdot\frac{dx}{d\rho_2}}{dy}\dfrac{dy}{d\rho_3} - \dfrac{d\cdot\frac{dx}{d\rho_2}}{dz}\dfrac{dz}{d\rho_3} \end{array}\right\} \\ b\left\{\begin{array}{l} \dfrac{d\cdot\frac{dy}{d\rho_3}}{dx}\dfrac{dx}{d\rho_2} + \dfrac{d\cdot\frac{dy}{d\rho_3}}{dy}\dfrac{dy}{d\rho_2} + \dfrac{d\cdot\frac{dy}{d\rho_3}}{dz}\dfrac{dz}{d\rho_2} - \dfrac{d\cdot\frac{dy}{d\rho_2}}{dx}\dfrac{dx}{d\rho_3} \\ \qquad\qquad - \dfrac{d\cdot\frac{dy}{d\rho_2}}{dy}\dfrac{dy}{d\rho_3} - \dfrac{d\cdot\frac{dy}{d\rho_2}}{dz}\dfrac{dz}{d\rho_3} \end{array}\right\} \\ c\left\{\begin{array}{l} \dfrac{d\cdot\frac{dz}{d\rho_3}}{dx}\dfrac{dx}{d\rho_2} + \ldots\ldots\ldots\ldots - \dfrac{d\cdot\frac{dz}{d\rho_2}}{dx}\dfrac{dx}{d\rho_3} \\ \qquad\qquad - \ldots\ldots \end{array}\right\} \end{array}\right\};$$

on voit que la seconde parenthèse est identiquement nulle.

Si l'on a égard aux formules (24), on obtient

$$E = \left(\frac{db}{dz} - \frac{dc}{dy}\right)\frac{dx}{d\rho_1} + \left(\frac{dc}{dx} - \frac{da}{dz}\right)\frac{dy}{d\rho_1} + \left(\frac{da}{dy} - \frac{db}{dx}\right)\frac{dz}{d\rho_1}.$$

Or, sachant que

$$\Delta_2 F = \frac{d^2F}{dx^2} + \frac{d^2F}{dy^2} + \frac{d^2F}{dz^2},$$

et posant

$$\frac{dX}{dx} + \frac{dY}{dy} + \frac{dZ}{dz} = \varpi,$$

on trouve immédiatement

$$(29) \quad \left\{ \begin{aligned} E &= -\frac{dx}{d\rho_1}\Delta_2 X - \frac{dy}{d\rho_1}\Delta_2 Y - \frac{dz}{d\rho_1}\Delta_2 Z + \frac{d\varpi}{d\rho_1}, \\ F &= -\frac{dx}{d\rho_2}\Delta_2 X - \frac{dy}{d\rho_2}\Delta_2 Y - \frac{dz}{d\rho_2}\Delta_2 Z + \frac{d\varpi}{d\rho_2}, \\ G &= -\frac{dx}{d\rho_3}\Delta_2 X - \frac{dy}{d\rho_3}\Delta_2 Y - \frac{dz}{d\rho_3}\Delta_2 Z + \frac{d\varpi}{d\rho_3}; \end{aligned} \right.$$

les valeurs de F et G s'obtiendraient par un calcul analogue.

Si nous substituons ces valeurs dans les équations (11), où les termes en Ω^2 disparaissent, puisque $\theta = 0$, en prenant pour R_1, R_2, R_3 les valeurs (26), on arrivera aux relations

$$\frac{d\cdot\left(A\frac{dx}{d\rho_3} + B\frac{dy}{d\rho_3} + C\frac{dz}{d\rho_3}\right)}{d\rho_2} = \frac{d\cdot\left(A\frac{dx}{d\rho_2} + B\frac{dy}{d\rho_2} + C\frac{dz}{d\rho_2}\right)}{d\rho_3},$$

$$\frac{d\cdot\left(A\frac{dx}{d\rho_1} + B\frac{dy}{d\rho_1} + C\frac{dz}{d\rho_1}\right)}{d\rho_3} = \frac{d\cdot\left(A\frac{dx}{d\rho_3} + B\frac{dy}{d\rho_3} + C\frac{dz}{d\rho_3}\right)}{d\rho_1},$$

$$\frac{d\cdot\left(A\frac{dx}{d\rho_2} + B\frac{dy}{d\rho_2} + C\frac{dz}{d\rho_2}\right)}{d\rho_1} = \frac{d\cdot\left(A\frac{dx}{d\rho_1} + B\frac{dy}{d\rho_1} + C\frac{dz}{d\rho_1}\right)}{d\rho_2},$$

où l'on a posé

$$(30) \quad \left\{ \begin{aligned} A &= \frac{d^2X}{dt^2} - \omega^2\Delta_2 X, \\ B &= \frac{d^2Y}{dt^2} - \omega^2\Delta_2 Y, \\ C &= \frac{d^2Z}{dt^2} - \omega^2\Delta_2 Z. \end{aligned} \right.$$

Ces trois relations seront satisfaites si l'on prend

$$A\frac{dx}{d\rho_1}+B\frac{dy}{d\rho_1}+C\frac{dz}{d\rho_1}=\frac{d\varphi}{d\rho_1},$$

$$A\frac{dx}{d\rho_2}+B\frac{dy}{d\rho_2}+C\frac{dz}{d\rho_2}=\frac{d\varphi}{d\rho_2},$$

$$A\frac{dx}{d\rho_3}+B\frac{dy}{d\rho_3}+C\frac{dz}{d\rho_3}=\frac{d\varphi}{d\rho_3},$$

φ étant une certaine fonction de ρ_1, ρ_2, ρ_3.

En multipliant la première équation par $h_1^2\frac{dx}{d\rho_1}$, la deuxième par $h_2^2\frac{dx}{d\rho_2}$, la troisième par $h_3^2\frac{dx}{d\rho_3}$, ajoutant et ayant égard aux relations (21), et aux équations transformées qui se déduisent facilement des groupes (22) et (23), on obtient la première des relations

$$(31)\qquad \left(A=\frac{d\varphi}{dx},\quad B=\frac{d\varphi}{dy},\quad C=\frac{d\varphi}{dz}\right),$$

les deux dernières s'obtenant par un calcul analogue.

Or, si l'on considère les fonctions suivantes :

$$(32)\qquad \begin{cases} u=h_1\frac{dx}{d\rho_1}R_1+h_2\frac{dx}{d\rho_2}R_2+h_3\frac{dx}{d\rho_3}R_3, \\ v=h_1\frac{dy}{d\rho_1}R_1+h_2\frac{dy}{d\rho_2}R_2+h_3\frac{dy}{d\rho_3}R_3, \\ w=h_1\frac{dz}{d\rho_1}R_1+h_2\frac{dz}{d\rho_2}R_2+h_3\frac{dz}{d\rho_3}R_3; \end{cases}$$

prenons pour R_1, R_2, R_3, les valeurs (28), on trouve

$$u=a,\quad v=b,\quad w=c.$$

Si maintenant on fait usage des formules (30) et (31), on arrivera aux relations

$$(33)\qquad \begin{cases} \frac{d^2u}{dt^2}=\omega^2\Delta_2 a=\omega^2\Delta_2 u, \\ \frac{d^2v}{dt^2}=\omega^2\Delta_2 b=\omega^2\Delta_2 v, \\ \frac{d^2w}{dt^2}=\omega^2\Delta_2 c=\omega^2\Delta_2 w. \end{cases}$$

Donc les fonctions R_1, R_2, R_3, ayant la forme (26), où X, Y, Z satisfont aux relations (30), doivent vérifier les équations (33) qui ne contiennent aucune trace de la fonction φ; R_1, R_2, R_3 ne devront donc pas contenir cette fonction, et, par conséquent, nous pouvons en faire abstraction, par suite

$$A = 0, \quad B = 0, \quad C = 0.$$

Donc les groupes de termes correspondants aux états vibratoires qui ont lieu sans changement de densité, auront les valeurs (26), où X, Y, Z vérifient les équations aux différentielles partielles

$$(34) \qquad \left\{ \begin{aligned} \frac{d^2 X}{dt^2} &= \omega^2 \Delta_2 X, \\ \frac{d^2 Y}{dt^2} &= \omega^2 \Delta_2 Y, \\ \frac{d^2 Z}{dt^2} &= \omega^2 \Delta_2 Z. \end{aligned} \right.$$

Le théorème énoncé se trouve donc démontré.

§ II.

Études sur les vibrations longitudinales d'une couche solide comprise entre deux ellipsoïdes homofocaux.

I.

Nous aborderons cette question en faisant usage des coordonnées elliptiques définies par les équations suivantes :

$$(1) \qquad \left\{ \begin{aligned} \frac{x^2}{\rho_1^2} + \frac{y^2}{\rho_1^2 - b^2} + \frac{z^2}{\rho_1^2 - c^2} &= 1, \\ \frac{x^2}{\rho_2^2} + \frac{y^2}{\rho_2^2 - b^2} + \frac{z^2}{\rho_2^2 - c^2} &= 1, \\ \frac{x^2}{\rho_3^2} + \frac{y^2}{\rho_3^2 - b^2} + \frac{z^2}{\rho_3^2 - c^2} &= 1, \end{aligned} \right.$$

où l'on a

$$c > b > 0, \qquad \begin{aligned} \rho_1 &> c, \\ c > \rho_2 &> b, \\ b > \rho_3 &> 0 \end{aligned}$$

Des formules (1) on déduit

$$
(2)\quad \begin{cases}
x^2 = \dfrac{\rho_1^2\rho_2^2\rho_3^2}{b^2c^2}, \\
y^2 = \dfrac{(\rho_1^2 - b^2)(\rho_2^2 - b^2)(b^2 - \rho_3^2)}{b^2(c^2 - b^2)}, \\
z^2 = \dfrac{(\rho_1^2 - c^2)(c^2 - \rho_2^2)(c^2 - \rho_3^2)}{c^2(c^2 - b^2)};
\end{cases}
$$

$$
(3)\quad \begin{cases}
h_1^2 = \dfrac{(\rho_1^2 - b^2)(\rho_1^2 - c^2)}{(\rho_1^2 - \rho_2^2)(\rho_1^2 - \rho_3^2)}, \\
h_2^2 = \dfrac{(\rho_2^2 - b^2)(c^2 - \rho_2^2)}{(\rho_1^2 - \rho_2^2)(\rho_2^2 - \rho_3^2)}, \\
h_3^2 = \dfrac{(b^2 - \rho_3^2)(c^2 - \rho_3^2)}{(\rho_1^2 - \rho_3^2)(\rho_2^2 - \rho_3^2)}.
\end{cases}
$$

Or, étant donnés deux ellipsoïdes homofocaux, on peut toujours déterminer A, A', b, c, de manière que leurs surfaces soient représentées par les équations

$$\frac{x^2}{A'^2} + \frac{y^2}{A'^2 - b^2} + \frac{z^2}{A'^2 - c^2} = 1,$$

$$\frac{x^2}{A^2} + \frac{y^2}{A^2 - b^2} + \frac{z^2}{A^2 - c^2} = 1;$$

de sorte que, dans le système actuel de coordonnées, les surfaces des deux ellipsoïdes seront données par les équations

$$\rho_1 = A' \quad \text{et} \quad \rho_1 = A.$$

Si nous supposons

$$A' > A,$$

on aura

$$A' > A > c > b > 0,$$

et les limites respectives des variables ρ_1, ρ_2, ρ_3 seront données par les inégalités

$$A' > \rho_1 > A, \quad c > \rho_2 > b, \quad b > \rho_3 > 0.$$

Dans le cas que nous examinons, R_1, R_2, R_3 auront les valeurs (14),

§ I, et il s'agit de déterminer la fonction F en l'assujettissant aux trois conditions suivantes :

1°. Elle doit vérifier l'équation aux différentielles partielles

$$\frac{d^2 F}{dt^2} = \Omega^2 \Delta_2 F. \tag{4}$$

2°. Elle doit satisfaire aux conditions de la surface.

Or, si nous supposons que les forces qui ont produit l'ébranlement initial aient été appliquées normalement à la surface, puisque l'enveloppe est environnée d'air et que le gaz ambiant ne peut réagir que normalement, il en résulte que les forces extérieures appliquées à la surface sont, à toute époque, normales à cette surface. Mais ces surfaces sont déterminées en égalant le paramètre ρ_1 à une constante, chaque élément de cette surface sera donc perpendiculaire à l'axe des s_1. Si l'on se reporte aux formules (9), § I, puisque

$$f_2 = 0, \quad f_3 = 0, \quad m = 1, \quad n = 0, \quad p = 0,$$

on aura

$$\left\{ \begin{array}{l} T'_2 = 0, \\ T'_3 = 0, \end{array} \right. \tag{5}$$

pour

$$\rho_1 = A \quad \text{et} \quad \rho_1 = A',$$

quels que soient t, ρ_2 et ρ_3.

Ce sont les équations à la surface.

3°. Elle doit satisfaire à l'état initial.

On se donne le déplacement initial R_1, R_2, R_3, donc $\frac{R_1}{h_1}$, $\frac{R_2}{h_2}$, $\frac{R_3}{h_3}$, et, par conséquent, $\frac{dF}{d\rho_1}$, $\frac{dF}{d\rho_2}$, $\frac{dF}{d\rho_3}$ deviennent des fonctions données de ρ_1, ρ_2, ρ_3 lorsqu'on y fait $t = 0$; et la fonction elle-même est connue à une constante près, dont il est inutile de tenir compte dans la question actuelle.

On se donne aussi les composantes des vitesses initiales suivant les trois axes, c'est-à-dire $\frac{d\rho_1}{dt}$, $\frac{d\rho_2}{dt}$, $\frac{d\rho_3}{dt}$; donc on connaît

$$\frac{dF}{dt} = \frac{dF}{d\rho_1}\frac{d\rho_1}{dt} + \frac{dF}{d\rho_2}\frac{d\rho_2}{dt} + \frac{dF}{d\rho_3}\frac{d\rho_3}{dt}.$$

Donc, l'état initial étant donné, on connaît les valeurs de F et de $\frac{dF}{dt}$ pour $t = 0$; par conséquent, on devra avoir

$$(6)\qquad \left.\begin{cases} F = \varphi(\rho_1, \rho_2, \rho_3) \\ \dfrac{dF}{dt} = \psi(\rho_1, \rho_2, \rho_3) \end{cases}\right\} \text{pour } t = 0.$$

Cherchons une solution particulière qui satisfasse aux deux premières conditions, et prenons

$$(7)\qquad F = T.P,$$

T étant une fonction de t seulement, et P une fonction de ρ_1, ρ_2, ρ_3; l'équation (4) devient

$$P\frac{d^2T}{dt^2} = \Omega^2 T \Delta_2 P,$$

ou

$$\frac{\frac{d^2T}{dt^2}}{T} = \Omega^2 \frac{\Delta_2 P}{P}.$$

Or, le premier membre étant une fonction de t seulement, et le second membre une fonction de ρ_1, ρ_2, ρ_3, cette égalité ne peut avoir lieu que si chacun des deux membres est égal à une constante.

Posons

$$\frac{\frac{d^2T}{dt^2}}{T} = -q^2\Omega^2,$$

nous prenons $-q^2$ afin de ne pas introduire des exponentielles, car alors les formules ne représenteraient plus des mouvements périodiques.

Les deux fonctions T et P seront déterminées par les équations

$$(8)\qquad \frac{d^2T}{dt^2} + q^2\Omega^2 T = 0,$$

$$(9)\qquad q^2P + h_1h_2h_3\left(\frac{d.\frac{h_1}{h_2h_3}\frac{dP}{d\rho_1}}{d\rho_1} + \frac{d.\frac{h_2}{h_3h_1}\frac{dP}{d\rho_2}}{d\rho_2} + \frac{d.\frac{h_1}{h_1h_2}\frac{dP}{d\rho_3}}{d\rho_3}\right) = 0.$$

La première donne

$$(10)\qquad T = H\cos(q\Omega t) + G\sin(q\Omega t),$$

q, H, G étant des constantes arbitraires qu'on déterminera en satisfaisant aux autres conditions.

En ayant égard aux formules (3), l'équation (9) deviendra

$$(10)\qquad \left\{\begin{aligned} &q^2 P + \frac{1}{(\rho_1^2-\rho_2^2)(\rho_1^2-\rho_3^2)}\left\{\begin{aligned}&(\rho_1^2-b^2)(\rho_1^2-c^2)\frac{d^2P}{d\rho_1^2}\\ &+\rho_1(2\rho_1^2-b^2-c^2)\frac{dP}{d\rho_1}\end{aligned}\right\}\\ &+\frac{1}{(\rho_2^2-\rho_3^2)(\rho_1^2-\rho_2^2)}\left\{\begin{aligned}&(\rho_2^2-b^2)(c^2-\rho_2^2)\frac{d^2P}{d\rho_2^2}\\ &+\rho_2(b^2+c^2-2\rho_2^2)\frac{dP}{d\rho_2}\end{aligned}\right\}\\ &+\frac{1}{(\rho_1^2-\rho_3^2)(\rho_2^2-\rho_3^2)}\left\{\begin{aligned}&(b^2-\rho_3^2)(c^2-\rho_3^2)\frac{d^2P}{d\rho_3^2}\\ &+\rho_3(2\rho_3^2-b^2-c^2)\frac{dP}{d\rho_3}\end{aligned}\right\}\end{aligned}\right\} = 0.$$

Posons

$$(11)\qquad \left\{\begin{aligned} k_1 &= \sqrt{(\rho_1^2-b^2)(\rho_1^2-c^2)},\\ k_2 &= \sqrt{(\rho_2^2-b^2)(c^2-\rho_2^2)},\\ k_3 &= \sqrt{(b^2-\rho_3^2)(c^2-\rho_3^2)}.\end{aligned}\right.$$

Posons maintenant

$$(12)\qquad P = \mathfrak{R}_1\mathfrak{R}_2\mathfrak{R}_3,$$

$\mathfrak{R}_1$ étant une fonction de ρ_1 seulement, $\mathfrak{R}_2$ de ρ_2 et $\mathfrak{R}_3$ de ρ_3; alors l'équation (10) se transforme en la suivante :

$$(13)\qquad \left\{\begin{aligned} &q^2 + \frac{1}{(\rho_1^2-\rho_2^2)(\rho_1^2-\rho_3^2)}\cdot\frac{k_1^2\dfrac{d^2\mathfrak{R}_1}{d\rho_1^2}+\frac{1}{2}\dfrac{d.k_1^2}{d\rho_1}\cdot\dfrac{d\mathfrak{R}_1}{d\rho_1}}{\mathfrak{R}_1}\\ &+\frac{1}{(\rho_1^2-\rho_2^2)(\rho_2^2-\rho_3^2)}\cdot\frac{k_2^2\dfrac{d^2\mathfrak{R}_2}{d\rho_2^2}+\frac{1}{2}\dfrac{d.k_2^2}{d\rho_2}\cdot\dfrac{d\mathfrak{R}_2}{d\rho_2}}{\mathfrak{R}_2}\\ &+\frac{1}{(\rho_1^2-\rho_3^2)(\rho_2^2-\rho_3^2)}\cdot\frac{k_3^2\dfrac{d^2\mathfrak{R}_3}{d\rho_3^2}+\frac{1}{2}\dfrac{d.k_3^2}{d\rho_3}\cdot\dfrac{d\mathfrak{R}_3}{d\rho_3}}{\mathfrak{R}_3}\end{aligned}\right\} = 0.$$

Or posons

$$\frac{k_1^2 \frac{d^2 \mathfrak{R}_1}{d\rho_1^2} + \frac{1}{2} \frac{d.k_1^2}{d\rho_1} \frac{d\mathfrak{R}_1}{d\rho_1}}{\mathfrak{R}_1} = p\rho_1^4 + m\rho_1^2 + n,$$

$$\frac{k_2^2 \frac{d^2 \mathfrak{R}_2}{d\rho_2^2} + \frac{1}{2} \frac{d.k_2^2}{d\rho_2} \frac{d\mathfrak{R}_2}{d\rho_2}}{\mathfrak{R}_2} = -[p\rho_2^4 + m\rho_2^2 + n],$$

$$\frac{k_3^2 \frac{d^2 \mathfrak{R}_3}{d\rho_3^2} + \frac{1}{2} \frac{d.k_3^2}{d\rho_3} \frac{d\mathfrak{R}_3}{d\rho_3}}{\mathfrak{R}_3} = p\rho_3^4 + m\rho_3^2 + n,$$

p, m, n étant trois constantes arbitraires, l'équation (13) prend la forme

$$(13\,bis)\quad q^2 + \frac{p\rho_1^4 + m\rho_1^2 + n}{(\rho_1^2 - \rho_2^2)(\rho_1^2 - \rho_3^2)} - \frac{p\rho_2^4 + m\rho_2^2 + n}{(\rho_1^2 - \rho_2^2)(\rho_2^2 - \rho_3^2)} + \frac{p\rho_3^4 + m\rho_3^2 + n}{(\rho_1^2 - \rho_3^2)(\rho_2^2 - \rho_3^2)} = 0.$$

Cherchons à quelles conditions doivent satisfaire p, m et n pour que l'équation (13 *bis*) soit vérifiée.

Soient

$$\lambda(\zeta) = p\zeta^2 + m\zeta + n, \quad \varphi(\zeta) = (\zeta - \rho_1^2)(\zeta - \rho_2^2)(\zeta - \rho_3^2);$$

si ζ_1, ζ_2, ζ_3 sont les racines de $\varphi(\zeta)$ égalée à zéro, on voit que

$$\zeta_1 = \rho_1^2, \quad \zeta_2 = \rho_2^2, \quad \zeta_3 = \rho_3^2.$$

Si nous développons $\frac{\lambda(\zeta)}{\varphi(\zeta)}$ en fractions rationnelles, on obtient

$$\frac{\lambda(\zeta)}{\varphi(\zeta)} = \frac{\lambda(\zeta_1)}{\varphi'(\zeta_1)} \cdot \frac{1}{\zeta - \zeta_1} + \frac{\lambda(\zeta_2)}{\varphi'(\zeta_2)} \cdot \frac{1}{\zeta - \zeta_2} + \frac{\lambda(\zeta_3)}{\varphi'(\zeta_3)} \cdot \frac{1}{\zeta - \zeta_3};$$

multipliant les deux membres par ζ, on a identiquement

$$\frac{\zeta\lambda(\zeta)}{\varphi(\zeta)} = \frac{\lambda(\zeta_1)}{\varphi'(\zeta_1)} \cdot \frac{1}{1 - \frac{\zeta_1}{\zeta}} + \frac{\lambda(\zeta_2)}{\varphi'(\zeta_2)} \cdot \frac{1}{1 - \frac{\zeta_2}{\zeta}} + \frac{\lambda(\zeta_1)}{\varphi'(\zeta_1)} \cdot \frac{1}{1 - \frac{\zeta_3}{\zeta}};$$

faisons croître ζ indéfiniment et prenons les limites des deux membres, on trouve

$$p = \frac{p\rho_1^4 + m\rho_1^2 + n}{(\rho_1^2 - \rho_2^2)(\rho_1^2 - \rho_3^2)} - \frac{p\rho_2^4 + m\rho_2^2 + n}{(\rho_1^2 - \rho_2^2)(\rho_2^2 - \rho_3^2)} + \frac{p\rho_3^4 + m\rho_3^2 + n}{(\rho_1^2 - \rho_3^2)(\rho_2^2 - \rho_3^2)};$$

l'équation (13 *bis*) sera donc identiquement satisfaite si l'on prend

$$p = -q^2.$$

Ce procédé d'intégration avait été appliqué par M. Liouville, dans son Cours au Collége de France, à une équation du premier ordre contenant linéairement les carrés des dérivées partielles de la fonction.

Il résulte de cette analyse que, si $\mathcal{R}_1$, $\mathcal{R}_2$, $\mathcal{R}_3$ sont des fonctions satisfaisant respectivement aux équations différentielles suivantes, linéaires et du deuxième ordre,

$$(14)\quad \left\{\begin{aligned} &k_1^2\frac{d^2\mathcal{R}_1}{d\rho_1^2} + \frac{1}{2}\frac{d.k_1^2}{d\rho_1}\cdot\frac{d\mathcal{R}_1}{d\rho_1} + (q^2\rho_1^4 - m\rho_1^2 - n)\mathcal{R}_1 = 0,\\ &k_2^2\frac{d^2\mathcal{R}_2}{d\rho_2^2} + \frac{1}{2}\frac{d\ k_2^2}{d\rho_2}\cdot\frac{d\mathcal{R}_2}{d\rho_2} - (q^2\rho_2^4 - m\rho_2^2 - n)\mathcal{R}_2 = 0,\\ &k_3^2\frac{d^2\mathcal{R}_3}{d\rho_3^2} + \frac{1}{2}\frac{d.k_3^2}{d\rho_3}\frac{d\mathcal{R}_3}{d\rho_3} + (q^2\rho_3^4 - m\rho_3^2 - n)\mathcal{R}_3 = 0, \end{aligned}\right.$$

$P = \mathcal{R}_1\mathcal{R}_2\mathcal{R}_3$ sera une solution complète de l'équation (10), renfermant trois constantes arbitraires. Les constantes m, n, q se détermineront en satisfaisant aux conditions de la surface.

Remarquons que les équations (14) peuvent se mettre sous la forme

$$(15)\quad \left\{\begin{aligned} &\frac{d.\left(k_1\dfrac{d\mathcal{R}_1}{d\rho_1}\right)}{d\rho_1} + \frac{q^2\rho_1^4 - m\rho_1^2 - n}{k_1}\mathcal{R}_1 = 0,\\ &\frac{d.\left(k_2\dfrac{d\mathcal{R}_2}{d\rho_2}\right)}{d\rho_2} - \frac{q^2\rho_2^4 - m\rho_2^2 - n}{k_2}\mathcal{R}_2 = 0,\\ &\frac{d.\left(k_3\dfrac{d\mathcal{R}_3}{d\rho_3}\right)}{d\rho_3} + \frac{q^2\rho_3^4 - m\rho_3^2 - n}{k_3}\mathcal{R}_3 = 0. \end{aligned}\right.$$

Satisfaisons aux conditions de la surface.

Il faut que, pour

$$\rho_1 = \mathrm{A} \quad \text{et} \quad \rho_1 = \mathrm{A}',$$

on ait

$$\mathrm{T}'_2 = 0 \quad \text{et} \quad \mathrm{T}'_3 = 0,$$

quels que soient t, ρ_2 et ρ_3.

En appliquant les formules (8), (14), § I, et (7), (12), § II, et supprimant les facteurs qui ne sont pas constamment nuls, on arrive à

$$\rho_3\left(\mathfrak{R}_3 - \rho_3\frac{d\mathfrak{R}_3}{d\rho_3}\right)\left(\frac{d\mathfrak{R}_1}{d\rho_1}\right)_A - \frac{d\mathfrak{R}_3}{d\rho_3}A\left[(\mathfrak{R}_1)_A - A\left(\frac{d\mathfrak{R}_1}{d\rho_1}\right)_A\right] = 0,$$

$$\rho_2\left(\mathfrak{R}_2 - \rho_2\frac{d\mathfrak{R}_2}{d\rho_2}\right)\left(\frac{d\mathfrak{R}_1}{d\rho_1}\right)_A - \frac{d\mathfrak{R}_2}{d\rho_2}A\left[(\mathfrak{R}_1)_A - A\left(\frac{d\mathfrak{R}_1}{d\rho_1}\right)_A\right] = 0,$$

pour $\rho_1 = A$,

$$\rho_3\left(\mathfrak{R}_3 - \rho_3\frac{d\mathfrak{R}_3}{d\rho_3}\right)\left(\frac{d\mathfrak{R}_1}{d\rho_1}\right)_{A'} - \frac{d\mathfrak{R}_3}{d\rho_3}A'\left[(\mathfrak{R}_1)_{A'} - A'\left(\frac{d\mathfrak{R}_1}{d\rho_1}\right)_{A'}\right] = 0,$$

$$\rho_2\left(\mathfrak{R}_2 - \rho_2\frac{d\mathfrak{R}_2}{d\rho_2}\right)\left(\frac{d\mathfrak{R}_1}{d\rho_1}\right)_{A'} - \frac{d\mathfrak{R}_2}{d\rho_2}A'\left[(\mathfrak{R}_1)_{A'} - A'\left(\frac{d\mathfrak{R}_1}{d\rho_1}\right)_{A'}\right] = 0,$$

pour $\rho_1 = A'$.

Or, des deux premières on déduit

$$\frac{\rho_3\left(\mathfrak{R}_3 - \rho_3\frac{d\mathfrak{R}_3}{d\rho_3}\right)}{\frac{d\mathfrak{R}_3}{d\rho_3}} = \frac{\rho_2\left(\mathfrak{R}_2 - \rho_2\frac{d\mathfrak{R}_2}{d\rho_2}\right)}{\frac{d\mathfrak{R}_2}{d\rho_2}} = \text{constante} = \frac{L}{N},$$

$$L = A\left[(\mathfrak{R}_1)_A - A\left(\frac{d\mathfrak{R}_1}{d\rho_1}\right)_A\right], \quad N = \left(\frac{d\mathfrak{R}_1}{d\rho_1}\right)_A,$$

donc

$$\frac{\rho_3\left(\mathfrak{R}_3 - \rho_3\frac{d\mathfrak{R}_3}{d\rho_3}\right)}{\frac{d\mathfrak{R}_3}{d\rho_3}} = C,$$

qui, intégrée, donne

$$\mathfrak{R}_3 = \sqrt{\rho_3^2 + C}.$$

Substituant cette valeur dans la troisième des équations (14), le résultat devra être nul, quel que soit ρ_3. Si l'on effectue le calcul, on est conduit, dans les trois cas où l'on aurait C *fini, nul ou infini,* à cette conclusion inadmissible

$$q = 0;$$

donc

$$C = \frac{0}{0},$$

et, par conséquent,

$$L = 0, \quad N = 0.$$

Donc les conditions nécessaires et suffisantes pour que ces quatre équations soient vérifiées, sont

$$(16) \qquad \left[(\mathfrak{R}_1)_A = 0, \quad \left(\frac{d\mathfrak{R}_1}{d\rho_1}\right)_A = 0, \quad (\mathfrak{R}_1)_{A'} = 0, \quad \left(\frac{d\mathfrak{R}_1}{d\rho_1}\right)_{A'} = 0\right].$$

Faisons une remarque sur les intégrales des équations (14).

D'abord chacune de ces équations admettra une intégrale particulière m_i, qui ne deviendra infinie pour aucune des valeurs des variables. On sait que l'intégrale générale sera donnée par la formule

$$\mathfrak{R}_i = m_i \left(\mathcal{A} + \mathcal{B} \int \frac{d\rho_i}{k_i m_i^2}\right),$$

$\mathcal{A}$ et $\mathcal{B}$ étant deux constantes arbitraires.

Or, lorsqu'il s'agit des intégrales $\mathfrak{R}_2$ et $\mathfrak{R}_3$, $m_i \int \frac{d\rho_i}{k_i m_i^2}$ acquiert des valeurs infinies lorsque les variables ρ_2, ρ_3 atteignent leurs limites, et, par conséquent, cette seconde intégrale particulière ne peut pas convenir à la question.

En effet, posons

$$m_i \int \frac{d\rho_i}{k_i m_i^2} = n_i,$$

m_i doit vérifier l'équation

$$\frac{d\left(k_i \frac{dm_i}{d\rho_i}\right)}{d\rho_i} + \frac{P_i m_i}{k_i} = 0,$$

où

$$P_i = \pm (q^2 \rho_i^4 - m\rho_i^2 - n);$$

n_i devra aussi vérifier

$$\frac{d\left(k_i \frac{dn_i}{d\rho_i}\right)}{d\rho_i} + \frac{P_i n_i}{k_i} = 0.$$

Multiplions la première par n_i, la seconde par m_i, et retranchons, on a

$$\frac{d}{d\rho_i} k_i \left(n_i \frac{dm_i}{d\rho_i} - m_i \frac{dn_i}{d\rho_i}\right) = 0,$$

équation qui aura lieu dans toute l'étendue des variations de la variable ρ_i. On en déduit

$$k_i\left(n_i\frac{dm_i}{d\rho_i}-m_i\frac{dn_i}{d\rho_i}\right)=\text{constante.}$$

Or, pour l'une des valeurs limites de la variable, lorsque i est égal à 2 ou à 3, si n_i ou $\frac{dn_i}{d\rho_i}$ ne deviennent pas infinies pour cette valeur, on aura

$$C=0,$$

puisque m_i et $\frac{dm_i}{d\rho_i}$ restent finies.

On aurait donc

$$n_i\frac{dm_i}{d\rho_i}-m_i\frac{dn_i}{d\rho_i}=0,$$

d'où

$$n_i=C'm_i,$$

C' étant une constante.

Donc, ou $\mathfrak{R}_i$ se réduit à la seule intégrale m_i, ou n_i ou $\frac{dn_i}{d\rho_i}$ deviennent infinies lorsque les variables ρ_2 ou ρ_3 atteignent leurs limites.

Donc les intégrales $\mathfrak{R}_1$, $\mathfrak{R}_2$, $\mathfrak{R}_3$ auront la forme suivante :

$$\mathfrak{R}_1=N_1U_1+MV_1,$$
$$\mathfrak{R}_2=N_2U_2,$$
$$\mathfrak{R}_3=N_3U_3.$$

On peut faire les constantes N_1, N_2, N_3 égales à l'unité, ce qui ne diminuera en rien la généralité du produit (7) à cause des constantes arbitraires qui entrent déjà dans le facteur T.

Les équations (16) détermineront les quatre constantes q, m, n, M ; à une valeur de q correspondront un certain nombre de groupes de valeurs de m et n, et à chacun de ces groupes correspondra une seule valeur de la constante M qui entre au premier degré dans ces équations.

Donc la valeur la plus générale de F qui satisfera aux deux premières conditions sera

$$(17)\quad F = \sum_q \left[\cos(q\Omega t) \mathop{\mathrm{S}}_{m,n} H \mathfrak{R}_1 \mathfrak{R}_2 \mathfrak{R}_3\right] + \sum_q \left[\sin(q\Omega t) \mathop{\mathrm{S}}_{m,n} G \mathfrak{R}_1 \mathfrak{R}_2 \mathfrak{R}_3\right],$$

le premier $\sum$ s'étendant aux différentes valeurs de q, et le signe S aux groupes de valeurs correspondantes de m et n; $\mathfrak{R}_1$, $\mathfrak{R}_2$, $\mathfrak{R}_3$ étant les intégrales des équations (14), prises dans le sens de la remarque précédente.

Enfin, il reste à satisfaire à l'état initial, ce qui nous permettra de déterminer les constantes H et G.

Pour $t = 0$, on doit avoir

$$(F)_0 = \varphi(\rho_1, \rho_2, \rho_3) \quad \text{et} \quad \left(\frac{dF}{dt}\right)_0 = \psi(\rho_1, \rho_2, \rho_3),$$

quels que soient ρ_1, ρ_2, ρ_3.

Si nous posons

$$P = \mathfrak{R}_1 \mathfrak{R}_2 \mathfrak{R}_3,$$

nous aurons

$$(18)\quad \left\{\begin{aligned} \varphi = {} & H_1 P_1 + H_2 P_2 + H_3 P_3 + \ldots \\ & + H'_1 P'_1 + H'_2 P'_2 + H'_3 P'_3 + \ldots \\ & + H''_1 P''_1 + H''_2 P''_2 + H''_3 P''_3 + \ldots \\ & \ldots\ldots\ldots\ldots\ldots\ldots, \end{aligned}\right.$$

$$(19)\quad \left\{\begin{aligned} \frac{\psi}{\Omega} = {} & q\,(G_1 P_1 + G_2 P_2 + G_3 P_3 + \ldots) \\ & + q'\,(G'_1 P'_1 + G'_2 P'_2 + G'_3 P'_3 + \ldots) \\ & + q''(G''_1 P''_1 + G''_2 P''_2 + G''_3 P''_3 + \ldots) \\ & \ldots\ldots\ldots\ldots\ldots\ldots \end{aligned}\right.$$

$H_1, H_2, \ldots, G_1, G_2, \ldots, P_1, P_2, \ldots$ sont relatifs aux différents groupes de valeurs de m et n correspondants à la valeur q;

$H'_1, H'_2, \ldots, G'_1, G'_2, \ldots, P'_1, P'_2, \ldots$ ont rapport à la valeur q', etc.

Avant de déterminer ces constantes, établissons plusieurs formules. Soient

$$P = \mathfrak{R}_1 \mathfrak{R}_2 \mathfrak{R}_3, \text{ correspondant à une valeur } q,$$
$$P' = \mathfrak{R}'_1 \mathfrak{R}'_2 \mathfrak{R}'_3, \text{ correspondant à une valeur } q';$$

P et P′ devant vérifier l'équation (9), on a

$$q^2 P + \Delta_2 P = 0, \quad q'^2 P' + \Delta_2 P' = 0.$$

Multiplions la première par P′ et la seconde par P, il vient

$$(q^2 - q'^2) PP' = P \Delta_2 P' - P' \Delta_2 P;$$

divisons par $h_1 h_2 h_3$, multiplions par $d\rho_1\, d\rho_2\, d\rho_3$, intégrons entre les limites respectives des variables, et remarquons que

$$P \frac{d \cdot \frac{h_1}{h_2 h_3} \frac{dP'}{d\rho_1}}{d\rho_1} - P' \frac{d \cdot \frac{h_1}{h_2 h_3} \frac{dP}{d\rho_1}}{d\rho_1} = \frac{d}{d\rho_1} \frac{h_1}{h_2 h_3} \left(P \frac{dP'}{d\rho_1} - P' \frac{dP}{d\rho_1} \right),$$

on obtiendra l'égalité

$$(q^2 - q'^2) \int_A^{A'} \int_b^c \int_0^b \frac{PP'}{h_1 h_2 h_3} d\rho_1\, d\rho_2\, d\rho_3$$
$$= \int_A^{A'} \int_b^c \int_0^b \left\{ \begin{array}{l} \frac{d}{d\rho_1} \cdot \frac{h_1}{h_2 h_3} \left(P \frac{dP'}{d\rho_1} - P' \frac{dP}{d\rho_1} \right) \\ + \frac{d}{d\rho_2} \cdot \frac{h_2}{h_3 h_1} \left(P \frac{dP'}{d\rho_2} - P' \frac{dP}{d\rho_2} \right) \\ + \frac{d}{d\rho_3} \cdot \frac{h_3}{h_1 h_2} \left(P \frac{dP'}{d\rho_3} - P' \frac{dP}{d\rho_3} \right) \end{array} \right\} d\rho_1\, d\rho_2\, d\rho_3,$$

et, en intégrant par rapport aux variables qui indiquent des différentielles exactes,

$$(q^2 - q'^2) \int_A^{A'} \int_b^c \int_0^b \frac{PP'}{h_1 h_2 h_3} d\rho_1\, d\rho_2\, d\rho_3$$
$$= \int^c \int_0^b \left[\frac{h_1}{h_2 h_3} \left(P \frac{dP'}{d\rho_1} - P' \frac{dP}{d\rho_1} \right) \right]_A^{A'} d\rho_2\, d\rho_3$$
$$+ \int_0^b \int_A^{A'} \left[\frac{h_2}{h_3 h_1} \left(P \frac{dP'}{d\rho_2} - P' \frac{dP}{d\rho_2} \right) \right]_b^c d\rho_3\, d\rho_1$$
$$+ \int_A^{A'} \int_b^c \left[\frac{h_3}{h_1 h_2} \left(P \frac{dP'}{d\rho_3} - P' \frac{dP}{d\rho_3} \right) \right]_0^b d\rho_1\, d\rho_2.$$

Or les trois intégrales doubles qui composent le second membre de l'égalité précédente sont nulles :

$$\left[\frac{h_1}{h_2 h_3}\left(P\frac{dP'}{d\rho_1} - P'\frac{dP}{d\rho_1}\right)\right]_A^{A'} = 0,$$

en vertu des équations (16);

$$\left[\frac{h_2}{h_3 h_1}\left(P\frac{dP'}{d\rho_2} - P'\frac{dP}{d\rho_2}\right)\right]_b^{c} = 0,$$

à cause du facteur $\frac{h_2}{h_1 h_3}$ qui s'annule aux limites b et c;

$$\left[\frac{h_3}{h_1 h_2}\left(P\frac{dP'}{d\rho_3} - P'\frac{dP}{d\rho_3}\right)\right]_0^{b} = 0.$$

D'abord cette quantité est nulle lorsqu'on y fait $\rho_3 = b$ à cause du facteur $\frac{h_3}{h_2 h_1}$.

Elle est aussi nulle lorsqu'on y fait $\rho_3 = 0$; en effet, il résulte de l'équation

$$\frac{k_3^2 \frac{d^2 \mathfrak{R}_3}{d\rho_3^2} + \frac{1}{2}\frac{d.k_3^2}{d\rho_3}\frac{d\mathfrak{R}_3}{d\rho_3}}{\mathfrak{R}_3} = -q^2\rho_3^4 + m\rho_3^2 + n,$$

que $\mathfrak{R}_3$ est constamment *paire* ou constamment *impaire*, car le second membre est toujours une fonction paire, ainsi que k_3^2, et $\frac{d.k_3^2}{d\rho_3}$ est impaire.

Or, si $\mathfrak{R}_3$ est une fonction paire, $\frac{d\mathfrak{R}_3}{d\rho_3}$ est nulle pour $\rho_3 = 0$, quelles que soient les quantités m, n, q; ce sera $\mathfrak{R}_3$ qui sera nulle pour $\rho_3 = 0$, si elle est une fonction impaire.

Donc, nous arrivons à cette formule remarquable,

$$(20) \qquad \int_A^{A'}\int_b^c\int_0^b \frac{PP'}{h_1 h_2 h_3} d\rho_1\, d\rho_2\, d\rho_3 = 0,$$

puisque les racines q et q' ne peuvent pas être égales, comme nous le démontrerons plus tard.

P est relatif à la valeur q et à un quelconque des couples (m, n) correspondants à cette même valeur.

P′ est relatif à la valeur q' et à un quelconque des couples (m, n) correspondants à cette seconde valeur.

Nous pouvons arriver à cette formule par une autre méthode. Soient

$\mathfrak{R}_1, \mathfrak{R}_2, \mathfrak{R}_3$ les $\mathfrak{R}_i$ correspondants à la valeur q,

$\mathfrak{R}'_1, \mathfrak{R}'_2, \mathfrak{R}'_3$ les $\mathfrak{R}_i$ correspondants à la valeur q'.

On aura les équations suivantes :

$$(21)\quad \left\{\begin{aligned}
&\left\{\begin{aligned}
&\frac{d\cdot\left(k_1\dfrac{d\mathfrak{R}_1}{d\rho_1}\right)}{d\rho_1}+\frac{q^2\rho_1^4-m\rho_1^2-n}{k_1}\mathfrak{R}_1=0,\\
&\frac{d\cdot\left(k_1\dfrac{d\mathfrak{R}'_1}{d\rho_1}\right)}{d\rho_1}+\frac{q'^2\rho_1^4-m'\rho_1^2-n'}{k_1}\mathfrak{R}'_1=0,
\end{aligned}\right.\\
&\left\{\begin{aligned}
&\frac{d\cdot\left(k_2\dfrac{d\mathfrak{R}_2}{d\rho_2}\right)}{d\rho_2}-\frac{q^2\rho_2^4-m\rho_2^2-n}{k_2}\mathfrak{R}_2=0,\\
&\frac{d\cdot\left(k_2\dfrac{d\mathfrak{R}'_2}{d\rho_2}\right)}{d\rho_2}-\frac{q'^2\rho_2^4-m'\rho_2^2-n'}{k_2}\mathfrak{R}'_2=0,
\end{aligned}\right.\\
&\left\{\begin{aligned}
&\frac{d\cdot\left(k_3\dfrac{d\mathfrak{R}_3}{d\rho_3}\right)}{d\rho_3}+\frac{q^2\rho_3^4-m\rho_3^2-n}{k_3}\mathfrak{R}_3=0,\\
&\frac{d\cdot\left(k_3\dfrac{d\mathfrak{R}'_3}{d\rho_3}\right)}{d\rho_3}+\frac{q'^2\rho_3^4-m'\rho_3^2-n'}{k_3}\mathfrak{R}'_3=0.
\end{aligned}\right.
\end{aligned}\right.$$

Ces équations, combinées par une méthode connue, donnent

1°. $$(q^2-q'^2)\int_{A}^{A'}\frac{\rho_1^4\mathfrak{R}_1\mathfrak{R}'_1}{k_1}d\rho_1-(m-m')\int_{A}^{A'}\frac{\rho_1^2\mathfrak{R}_1\mathfrak{R}'_1}{k_1}d\rho_1-(n-n')\int_{A}^{A'}\frac{\mathfrak{R}_1\mathfrak{R}'_1}{k_1}d\rho_1=0;$$

2°. $$(q^2-q'^2)\int_{b}^{c}\frac{\rho_2^4\mathfrak{R}_2\mathfrak{R}'_2}{k_2}d\rho_2-(m-m')\int_{b}^{c}\frac{\rho_2^2\mathfrak{R}_2\mathfrak{R}'_2}{k_2}d\rho_2-(n-n')\int_{b}^{c}\frac{\mathfrak{R}_2\mathfrak{R}'_2}{k_2}d\rho_2=0;$$

3°. $$(q^2-q'^2)\int_{0}^{b}\frac{\rho_3^4\mathfrak{R}_3\mathfrak{R}'_3}{k_3}d\rho_3-(m-m')\int_{0}^{b}\frac{\rho_3^2\mathfrak{R}_3\mathfrak{R}'_3}{k_3}d\rho_3-(n-n')\int_{0}^{b}\frac{\mathfrak{R}_3\mathfrak{R}'_3}{k_3}d\rho_3=0.$$

Multiplions la première par $\frac{\mathfrak{R}_2\mathfrak{R}'_2}{k_2}d\rho_2$, et intégrons entre b et c, puis multiplions la seconde par $\frac{\mathfrak{R}_1\mathfrak{R}'_1}{k_1} d\rho_1$, intégrons entre A et A', et retranchons les résultats; multiplions la première par $\frac{\rho_2^2\mathfrak{R}_2\mathfrak{R}'_2}{k_2} d\rho_2$, et intégrons; la seconde par $\frac{\rho_1^2\mathfrak{R}_1\mathfrak{R}'_1}{k_1} d\rho_1$, intégrons et retranchons de nouveau les résultats, on obtient

$$4^\circ.\ (q^2-q'^2)\int_A^{A'}\int_b^c \frac{(\rho_1^4-\rho_2^4)\mathfrak{R}_1\mathfrak{R}_2\mathfrak{R}'_1\mathfrak{R}'_2}{k_1 k_2} d\rho_1 d\rho_2 - (m-m')\int_A^{A'}\int_b^c \frac{(\rho_1^2-\rho_2^2)\mathfrak{R}_1\mathfrak{R}_2\mathfrak{R}'_1\mathfrak{R}'_2}{k_1 k_2} d\rho_1 d\rho_2 = 0.$$

$$5^\circ.\ (q^2-q'^2)\int_A^{A'}\int^c \frac{\rho_1^2\rho_2^2(\rho_1^2-\rho_2^2)\mathfrak{R}_1\mathfrak{R}_2\mathfrak{R}'_1\mathfrak{R}'_2}{k_1 k_2} d\rho_1 d\rho_2 + (n-n')\int_A^{A'}\int_b^c \frac{(\rho_1^2-\rho_2^2)\mathfrak{R}_1\mathfrak{R}_2\mathfrak{R}'_1\mathfrak{R}'_2}{k_1 k_2} d\rho_1 d\rho_2 = 0.$$

Multiplions la troisième par $\frac{(\rho_1^2-\rho_2^2)\mathfrak{R}_1\mathfrak{R}_2\mathfrak{R}'_1\mathfrak{R}'_2}{k_1 k_2} d\rho_1 d\rho_2$, et intégrons entre A et A' par rapport à ρ_1, entre b et c par rapport à ρ_2; retranchons-en la quatrième, multipliée par $\frac{\rho_3^2\mathfrak{R}_3\mathfrak{R}'_3}{k_3} d\rho_3$, et intégrée entre o et b; ajoutons la cinquième, multipliée par $\frac{\mathfrak{R}_3\mathfrak{R}'_3}{k^3} d\rho_3$, et intégrée entre les mêmes limites: on arrive au résultat définitif,

$$(q^2-q'^2)\int_A^{A'}\int_b^c\int_0^b \frac{(\rho_1^2-\rho_2^2)(\rho_1^2-\rho_3^2)(\rho_2^2-\rho_3^2)\mathfrak{R}_1\mathfrak{R}_2\mathfrak{R}_3\mathfrak{R}'_1\mathfrak{R}'_2\mathfrak{R}'_3}{k_1 k_2 k_3} d\rho_1 d\rho_2 d\rho_3 = 0,$$

ce qui démontre la formule (20).

Il s'agit d'établir une formule analogue lorsque

$P = \mathfrak{R}_1\mathfrak{R}_2\mathfrak{R}_3$ correspond aux valeurs q, m, n,
$P' = \mathfrak{R}'_1\mathfrak{R}'_2\mathfrak{R}'_3$ correspond aux valeurs q, m', n',
ou aux valeurs q, m', n,
ou aux valeurs q, m, n'.

Les formules (21), où l'on fera $q' = q$, donneront

$$1^\circ.\quad (m-m')\int_A^{A'} \frac{\rho_1^2\mathfrak{R}_1\mathfrak{R}'_1}{k_1} d\rho_1 + (n-n')\int_A^{A'} \frac{\mathfrak{R}_1\mathfrak{R}'_1}{k_1} d\rho_1 = 0,$$

$$2^\circ.\quad (m-m')\int_b^c \frac{\rho_2^2\mathfrak{R}_2\mathfrak{R}'_2}{k_2} d\rho_2 + (n-n')\int_b^c \frac{\mathfrak{R}_2\mathfrak{R}'_2}{k_2} d\rho_2 = 0,$$

$$3^\circ.\quad (m-m')\int_0^b \frac{\rho_3^2\mathfrak{R}_3\mathfrak{R}'_3}{k_3} d\rho_3 + (n-n')\int_0^b \frac{\mathfrak{R}_3\mathfrak{R}'_3}{k_3} d\rho_3 = 0.$$

Multiplions la première par $\frac{\mathfrak{R}_2\mathfrak{R}'_2}{k_2}d\rho_2$, et intégrons entre b et c (nous dirons, pour abréger, multiplions par $\int_b^c \frac{\mathfrak{R}_2\mathfrak{R}'_2}{k_2}d\rho_2$), retranchons-en la deuxième multipliée par $\int_A^{A'} \frac{\mathfrak{R}_1\mathfrak{R}'_1}{k_1}d\rho_1$, puis multipliant le résultat par $\int_0^b \frac{\rho_3^4\mathfrak{R}_3\mathfrak{R}'_3}{k_3}d\rho_3$, nous trouvons

$$4^\circ. \qquad \int_A^{A'}\int_b^c\int_0^b \frac{(\rho_1^2-\rho_2^2)\rho_3^4\mathfrak{R}_1\mathfrak{R}_2\mathfrak{R}_3\mathfrak{R}'_1\mathfrak{R}'_2\mathfrak{R}'_3}{k_1k_2k_3}d\rho_1\,d\rho_2\,d\rho_3 = 0.$$

De la première, multipliée par $\int_b^c \frac{\rho_2^4\mathfrak{R}_2\mathfrak{R}'_2}{k_2}d\rho_2$, retranchons la deuxième, multipliée par $\int_A^{A'} \frac{\rho_1^4\mathfrak{R}_1\mathfrak{R}'_1}{k_1}d\rho_1$; à ce résultat, multiplié par $\int_0^b \frac{\mathfrak{R}_3\mathfrak{R}'_3}{k_3}d\rho_3$, nous ajouterons celui qu'on obtient en multipliant la troisième par $\int_A^{A'}\int_b^c \frac{(\rho_1^4-\rho_2^4)\mathfrak{R}_1\mathfrak{R}_2\mathfrak{R}'_1\mathfrak{R}'_2}{k_1k_2}d\rho_1\,d\rho_2$, et nous aurons définitivement

$$5^\circ. \quad \int_A^{A'}\int_b^c\int_0^b \frac{(\rho_1^2-\rho_2^2)[\rho_1^2\rho_2^2-\rho_3^2(\rho_1^2+\rho_2^2)]\mathfrak{R}_1\mathfrak{R}_2\mathfrak{R}_3\mathfrak{R}'_1\mathfrak{R}'_2\mathfrak{R}'_3}{k_1k_2k_3}d\rho_1\,d\rho_2 d\rho_3 = 0.$$

Enfin, ajoutons 4° et 5°, nous arrivons à la formule

$$(22) \qquad \int_A^{A'}\int_b^c\int_0^b \frac{\mathrm{P}\,\mathrm{P}'}{h_1h_2h_3}d\rho_1\,d\rho_2\,d\rho_3 = 0,$$

P correspondant à la valeur q et au couple m, n;

P' correspondant à la même valeur q et à un couple différent m', n'.

Dans les équations (21), faisons $q'=q$ et $n'=n$, on en déduit

$$1^\circ. \qquad \int_A^{A'} \frac{\rho_1^2\mathfrak{R}_1\mathfrak{R}'_1}{k_1}d\rho_1 = 0,$$

$$2^\circ. \qquad \int_b^c \frac{\rho_2^2\mathfrak{R}_2\mathfrak{R}'_2}{k_2}d\rho_2 = 0,$$

$$3^\circ. \qquad \int_0^b \frac{\rho_3^2\mathfrak{R}_3\mathfrak{R}'_3}{k_3}d\rho_3 = 0.$$

De la première, multipliée par $\int_b^c \frac{\mathfrak{R}_2 \mathfrak{R}'_2}{k_2} d\rho_2$, retranchons la deuxième, multipliée par $\int_A^{A'} \frac{\mathfrak{R}_1 \mathfrak{R}'_1}{k_1} d\rho_1$, et multiplions le résultat par $\int_0^b \frac{\rho_3^4 \mathfrak{R}_3 \mathfrak{R}'_3}{k_3} d\rho_3$, on trouve

$$4^\circ. \quad \int_A^{A'} \int_b^c \int_0^b \frac{(\rho_1^2 - \rho_2^2)\rho_3^4 \mathfrak{R}_1 \mathfrak{R}_2 \mathfrak{R}_3 \mathfrak{R}'_1 \mathfrak{R}'_2 \mathfrak{R}'_3}{k_1 k_2 k_3} d\rho_1 d\rho_2 d\rho_3 = 0.$$

De la première, multipliée par $\int_b^c \frac{\rho_2^4 \mathfrak{R}_2 \mathfrak{R}'_2}{k_2} d\rho_2$, retranchons la deuxième, multipliée par $\int_A^{A'} \frac{\rho_1^4 \mathfrak{R}_1 \mathfrak{R}'_1}{k_1} d\rho_1$, et multiplions le résultat par $\int_0^b \frac{\mathfrak{R}_3 \mathfrak{R}'_3}{k_3} d\rho_3$, on obtient

$$5^\circ. \quad \int_A^{A'} \int_b^c \int_0^b \frac{\rho_1^2 \rho_2^2 (\rho_1^2 - \rho_2^2) \mathfrak{R}_1 \mathfrak{R}_2 \mathfrak{R}_3 \mathfrak{R}'_1 \mathfrak{R}'_2 \mathfrak{R}'_3}{k_1 k_2 k_3} d\rho_1 d\rho_2 d\rho_3 = 0.$$

La troisième, multipliée par $\int_A^{A'} \int_b^c \frac{(\rho_2^4 - \rho_1^4) \mathfrak{R}_1 \mathfrak{R}_2 \mathfrak{R}'_1 \mathfrak{R}'_2}{k_1 k_2} d\rho_1 d\rho_2$, donne

$$6^\circ. \quad \int_A^{A'} \int_b^c \int_0^b \frac{\rho_3^2 (\rho_2^4 - \rho_1^4) \mathfrak{R}_1 \mathfrak{R}_2 \mathfrak{R}_3 \mathfrak{R}'_1 \mathfrak{R}'_2 \mathfrak{R}'_3}{k_1 k_2 k_3} d\rho_1 d\rho_2 d\rho_3 = 0.$$

Ajoutant 4°, 5°, 6°, on arrive à la troisième formule

$$(23) \quad \int_A^{A'} \int_b^c \int_0^b \frac{PP'}{h_1 h_2 h_3} d\rho_1 d\rho_2 d\rho_3 = 0,$$

P correspondant aux valeurs q, m, n;

P′ correspondant aux mêmes valeurs q, m, et à une valeur différente pour n.

Enfin, dans les équations (21), faisons $q' = q$ et $m' = m$, elles nous donneront

$$1^\circ. \quad \int_A^{A'} \frac{\mathfrak{R}_1 \mathfrak{R}'_1}{k_1} d\rho_1 = 0,$$

$$2^\circ. \quad \int_b^c \frac{\mathfrak{R}_2 \mathfrak{R}'_2}{k_2} d\rho_2 = 0,$$

$$3^\circ. \quad \int_0^b \frac{\mathfrak{R}_3 \mathfrak{R}'_3}{k_3} d\rho_3 = 0.$$

De la première, multipliée par $\int_b^c \frac{\rho_2^2 \mathcal{R}_2 \mathcal{R}'_2}{k_2} d\rho_2$, retranchons la deuxième, multipliée par $\int_A^{A'} \frac{\rho_1^2 \mathcal{R}_1 \mathcal{R}'_1}{k_1} d\rho_1$, et multiplions le résultat par $\int_0^b \frac{\rho_3^4 \mathcal{R}_3 \mathcal{R}'_3}{k_3} d\rho_3$, on obtient

$$4^\circ. \qquad \int_A^{A'} \int_b^c \int_0^b \frac{(\rho_1^2 - \rho_2^2)\rho_3^4 \mathcal{R}_1 \mathcal{R}_2 \mathcal{R}_3 \mathcal{R}'_1 \mathcal{R}'_2 \mathcal{R}'_3}{k_1 k_2 k_3} d\rho_1 \, d\rho_2 \, d\rho_3 = 0.$$

De la première, multipliée par $\int_b^c \frac{\rho_2^4 \mathcal{R}_2 \mathcal{R}'_2}{k_2} d\rho_2$, retranchons la deuxième, multipliée par $\int_A^{A'} \frac{\rho_1^4 \mathcal{R}_1 \mathcal{R}'_1}{k_1} d\rho_1$, et multiplions le résultat par $\int_0^b \frac{\rho_3^2 \mathcal{R}_3 \mathcal{R}'_3}{k_3} d\rho_3$, on trouve

$$5^\circ. \qquad \int_A^{A'} \int_b^c \int_0^b - \frac{\rho_3^2(\rho_1^4 - \rho_2^4) \mathcal{R}_1 \mathcal{R}_2 \mathcal{R}_3 \mathcal{R}'_1 \mathcal{R}'_2 \mathcal{R}'_3}{k_1 k_2 k_3} d\rho_1 \, d\rho_2 \, d\rho_3 = 0.$$

La troisième, multipliée par $\int_A^{A'} \int_b^c \frac{\rho_1^2 \rho_2^2 (\rho_1^2 - \rho_2^2) \mathcal{R}_1 \mathcal{R}_2 \mathcal{R}'_1 \mathcal{R}'_2}{k_1 k_2} d\rho_1 \, d\rho_2$, donne

$$6^\circ. \qquad \int_A^{A'} \int_b^c \int_0^b \frac{\rho_1^2 \rho_2^2 (\rho_1^2 - \rho_2^2) \mathcal{R}_1 \mathcal{R}_2 \mathcal{R}_3 \mathcal{R}'_1 \mathcal{R}'_2 \mathcal{R}'_3}{k_1 k_2 k_3} d\rho_1 \, d\rho_2 \, d\rho_3 = 0.$$

Ajoutant 4°, 5°, 6°, on arrive à la dernière formule

$$(24) \qquad \int_A^{A'} \int_b^c \int_0^b \frac{PP'}{h_1 h_2 h_3} d\rho_1 \, d\rho_2 \, d\rho_3 = 0,$$

P correspondant aux valeurs q, n et m;

P′ correspondant aux mêmes valeurs q et n et à une valeur différente pour m.

Maintenant, nous pouvons passer à la détermination des constantes arbitraires.

Revenons aux formules (18) et (19), où

$$P = \mathcal{R}_1 \mathcal{R}_2 \mathcal{R}_3.$$

Désignons par $H_p^{(i)}$, $G_p^{(i)}$, $P_p^{(i)}$ les valeurs de H, G, P correspondantes à $q^{(i)}$, $m_p^{(i)}$, $n_p^{(i)}$, p indiquant le couple p parmi les couples de valeurs de m et n correspondants à $q^{(i)}$; alors multipliant l'équation (18) par

$$\int_{A}^{A'}\int_{b}^{c}\int_{0}^{b} \frac{P_p^{(i)}}{h_1 h_2 h_3}\, d\rho_1\, d\rho_2\, d\rho_3,$$

et traitant de même l'équation (19), en ayant égard aux formules (20), (22), (23), (24), nous obtenons pour les valeurs des constantes arbitraires,

$$(25)\qquad H_p^{(i)} = \frac{\displaystyle\int_{A}^{A'}\int_{b}^{c}\int_{0}^{b} \frac{(\rho_1^2-\rho_2^2)(\rho_1^2-\rho_3^2)(\rho_2^2-\rho_3^2)\varphi\,.\,P_p^{(i)}}{k_1 k_2 k_3}\, d\rho_1\, d\rho_2\, d\rho_3}{\displaystyle\int_{A}^{A'}\int_{b}^{c}\int_{0}^{b} \frac{(\rho_1^2-\rho_2^2)(\rho_1^2-\rho_3^2)(\rho_2^2-\rho_3^2)\left[P_p^{(i)}\right]^2}{k_1 k_2 k_3}\, d\rho_1\, d\rho_2\, d\rho_3},$$

$$(26)\qquad G_p^{(i)} = \frac{\displaystyle\int_{A}^{A'}\int_{b}^{c}\int_{0}^{b} \frac{(\rho_1^2-\rho_2^2)(\rho_1^2-\rho_3^2)(\rho_2^2-\rho_3^2)\psi\,.\,P_p^{(i)}}{k_1 k_2 k_3}\, d\rho_1\, d\rho_2\, d\rho_3}{\displaystyle q^{(i)}\Omega\int_{A}^{A'}\int_{b}^{c}\int_{0}^{b} \frac{(\rho_1^2-\rho_2^2)(\rho_1^2-\rho_3^2)(\rho_2^2-\rho_3^2)\left[P_p^{(i)}\right]^2}{k_1 k_2 k_3}\, d\rho_1\, d\rho_2\, d\rho_3}.$$

On pourra facilement écrire les valeurs des déplacements et des forces élastiques à l'aide des formules (14), (7), (8) du § I, et des formules (3) du § II. Ces formules, reléguées à la fin, sont désignées par (R), (N) et (T).

Ces équations représenteront le mouvement intérieur de l'enveloppe quand l'état initial ou les déplacements primitifs seront tels, qu'il y ait dilatation ou contraction en chaque point du solide.

Ce mouvement intérieur résulte de la superposition ou de la coexistence de tous les états vibratoires possibles auxquels les valeurs trouvées des coefficients assignent leurs amplitudes relatives. Chacun de ces états vibratoires correspond à une valeur de q et à un des groupes (m, n) relatifs à cette valeur de q; il pourrait exister seul si l'état initial s'y prêtait.

Pour cela, il faudrait que F se réduisît à un seul groupe aux valeurs $q^{(i)}$, $m_p^{(i)}$, $n_p^{(i)}$. Or les formules (20), (22), (23), (24), (25) et (26) montrent qu'il en sera ainsi si l'on prend

$$\varphi = \mathfrak{M}\, P_p^{(i)},$$
$$\psi = \mathfrak{N}\, P_p^{(i)} q^{(i)}\Omega,$$

$\mathfrak{M}$ et $\mathfrak{N}$ étant deux constantes; alors la fonction F aura la forme

$$F = [\mathfrak{M} \cos(q^{(i)} \Omega t) + \mathfrak{N} \sin(q^{(i)} \Omega t)] \mathfrak{R}_1 \mathfrak{R}_2 \mathfrak{R}_3,$$

q, m, n ayant les valeurs $q^{(i)}$, $m_p^{(i)}$, $n_p^{(i)}$.

Les équations aux différentielles partielles qui régissent les vibrations longitudinales, et en même temps celles qui régissent les vibrations transversales, seraient donc complétement intégrées dans le cas particulier où je me suis placé, si l'on connaissait les intégrales des équations (14).

Il me reste à faire quelques réflexions sur les racines des équations (16), et à énoncer plusieurs faits dont l'existence se trouve démontrée par les formules établies.

II.

Les valeurs des paramètres q, m, n, M sont données par les équations

$$(27) \quad \begin{cases} [\mathfrak{R}_1]_A = 0, & \left[\dfrac{d\mathfrak{R}_1}{d\rho_1}\right]_A = 0, \\ [\mathfrak{R}_1]_{A'} = 0, & \left[\dfrac{d\mathfrak{R}_1}{d\rho_1}\right]_{A'} = 0, \end{cases}$$

où la constante M entre linéairement.

Prouvons d'abord que ces équations n'admettent pas de racines *imaginaires*.

Soit

$$q = \alpha + \beta\sqrt{-1},$$

P prendra la forme

$$P = H + G\sqrt{-1};$$

alors l'équation

$$q^2 P + \Delta_2 P = 0$$

deviendra

$$(\alpha + \beta\sqrt{-1})^2 (H + G\sqrt{-1}) + \Delta_2 (H + G\sqrt{-1}) = 0,$$

donc

$$(\alpha^2 - \beta^2) H - 2\alpha\beta G + \Delta_2 H = 0,$$
$$(\alpha^2 - \beta^2) G + 2\alpha\beta H + \Delta_2 G = 0.$$

De la première, multipliée par G, retranchons la deuxième, multipliée par H, on a

$$2\alpha\beta(G^2+H^2)=G\Delta_2 H - H\Delta_2 G,$$

d'où l'on déduit facilement, par des considérations déjà employées,

$$\alpha\beta\int_A^{A'}\int_b^c\int_0^b \frac{G^2+H^2}{h_1 h_2 h_3}\,d\rho_1\,d\rho_2\,d\rho_3=0.$$

On pouvait arriver à cette équation en s'appuyant sur la formule (20) dans laquelle on aurait rétabli le facteur $(q^2-q'^2)$. Car, s'il existe une racine de la forme

$$q=\alpha+\beta\sqrt{-1},$$

les équations (27) se partagent en huit équations qui seront aussi vérifiées par la racine

$$q'=\alpha-\beta\sqrt{-1};$$

alors on aura

$$P=H+G\sqrt{-1}$$

et

$$P'=H-G\sqrt{-1},$$

et la formule indiquée conduira à celle que nous venons d'obtenir.

Or, dans toute l'étendue des variations des variables ρ_1, ρ_2, ρ_3, les termes qui sont sous le signe $\int$ restent constamment positifs, H et G ne peuvent pas être nuls tous deux à la fois: donc les éléments de l'intégrale sont constamment positifs, et, par conséquent, leur somme ne peut pas être nulle; or on ne peut pas avoir $\alpha=0$, autrement il y aurait pour q^2 deux valeurs égales, ce que nous démontrerons être impossible: donc il faut que $\beta=0$; par suite, q n'est pas imaginaire.

Par des raisonnements analogues, on démontrerait, à l'aide des formules (22), (23), (24), que, parmi les groupes (m, n) correspondants à la même valeur q, l'une quelconque des quantités m ou n, ou les deux ensemble, ne peuvent pas avoir des valeurs imaginaires.

Je dis, en second lieu, que les équations (27) n'admettent pas de racines *égales*.

Considérons d'abord le paramètre q.

S'il existe pour q deux valeurs égales, cette valeur devra vérifier l'équation

$$q^2 P + \Delta_2 P = 0;$$

je dis, de plus, qu'elle devra vérifier sa dérivée par rapport à q. En effet, pour une valeur de q infiniment voisine $q + h$, on devra avoir, en altérant infiniment peu les coefficients,

$$(q + h)^2 P_1 + \Delta_2 P_1 = 0,$$

P_1 différant infiniment peu de P.

On en déduit, en retranchant membre à membre et divisant par h,

$$2q P_1 + q^2 \frac{P_1 - P}{h} + h P_1 + \Delta_2 \left(\frac{P_1 - P}{h}\right) = 0;$$

et passant à la limite

$$2q P + q^2 \frac{dP}{dq} + \Delta_2 \frac{dP}{dq} = 0,$$

on doit y joindre

$$q^2 P + \Delta_2 P = 0.$$

De la première, multipliée par P, retranchons la deuxième, multipliée par $\frac{dP}{dq}$, il vient

$$\begin{aligned} 2q \frac{P^2}{h_1 h_2 h_3} &= \frac{d}{d\rho_1} \frac{h_1}{h_2 h_3} \left(\frac{dP}{dq} \frac{dP}{d\rho_1} - P \frac{d^2 P}{dq\, d\rho_1} \right) \\ &+ \frac{d}{d\rho_2} \frac{h_2}{h_3 h_1} \left(\frac{dP}{dq} \frac{dP}{d\rho_2} - P \frac{d^2 P}{dq\, d\rho_2} \right) \\ &+ \frac{d}{d\rho_3} \frac{h_3}{h_1 h_2} \left(\frac{dP}{dq} \frac{dP}{d\rho_3} - P \frac{d^2 P}{dq\, d\rho_3} \right). \end{aligned}$$

Par des raisonnements analogues à ceux qui nous ont conduits à la formule (20), nous arriverons à l'équation

$$2q \int_A^{A'} \int_b^c \int_0^b \frac{P^2}{h_1 h_2 h_3} d\rho_1\, d\rho_2\, d\rho_3 = 0,$$

qui est impossible; donc il n'y a pas de racines égales pour le paramètre q. Un calcul semblable conduirait à la même conclusion pour le paramètre q^2.

A une même valeur de q correspondent les groupes (m, n); parmi ces groupes, plusieurs peuvent avoir la même valeur pour m; pour ceux-là, n ne peut pas avoir des valeurs égales. En effet, on a

$$\frac{d\left(k_1 \frac{d\mathfrak{R}_1}{d\rho_1}\right)}{d\rho_1} + \frac{q^2\rho_1^4 - m\rho_1^2 - n}{k_1}\mathfrak{R}_1 = 0.$$

On démontrerait, comme précédemment, que si n admettait des valeurs égales, la dérivée de cette équation par rapport à n serait vérifiée par cette valeur de n, et l'on aurait

$$\frac{d\left(k_1 \frac{d^2\mathfrak{R}_1}{d\rho_1 dn}\right)}{d\rho_1} + \frac{q^2\rho_1^4 - m\rho_1^2 - n}{k_1}\frac{d\mathfrak{R}_1}{dn} - \frac{\mathfrak{R}_1}{k_1} = 0.$$

De la première, multipliée par $\frac{d\mathfrak{R}_1}{dn}$, retranchons la deuxième, multipliée par $\mathfrak{R}_1$, on arrive à ce résultat inadmissible,

$$\int_{A}^{A'} \frac{\mathfrak{R}_1^2}{k_1} d\rho_1 = 0.$$

Quant aux groupes qui ont la même valeur pour n, un raisonnement analogue ferait voir que le paramètre m n'y admet pas des valeurs égales.

III.

Pour interpréter les quelques cas que nous allons examiner, rappelons-nous les formules

$$(1)\qquad \left\{ \begin{aligned} &\frac{x^2}{\rho_1^2} + \frac{y^2}{\rho_1^2 - b^2} + \frac{z^2}{\rho_1^2 - c^2} = 1, \\ &\frac{x^2}{\rho_2^2} + \frac{y^2}{\rho_2^2 - b^2} - \frac{z^2}{c^2 - \rho_2^2} = 1, \\ &\frac{x^2}{\rho^2} - \frac{y^2}{b^2 - \rho_3^2} - \frac{z^2}{c^2 - \rho_3^2} = 1; \end{aligned} \right.$$

$$(2)\qquad \begin{cases} x^2 = \dfrac{\rho_1^2\rho_2^2\rho_3^2}{b^2c^2}, \\ y^2 = \dfrac{(\rho_1^2-b^2)(\rho_2^2-b^2)(b^2-\rho_3^2)}{b^2(c^2-b^2)}, \\ z^2 = \dfrac{(\rho_1^2-c^2)(c^2-\rho_2^2)(c^2-\rho_3^2)}{c^2(c^2-b^2)}; \end{cases}$$

$$(3)\qquad \begin{cases} f_1 = mN'_1 + nT'_3 + pT'_2, \\ f_2 = mT'_3 + nN'_2 + pT'_1, \\ f_3 = mT'_2 + nT'_1 + pN'_3; \end{cases}$$

où m, n, p sont les cosinus des angles avec les axes des s_1, s_2 et s_3 de la normale à l'élément plan ϖ sur lequel s'exerce la force élastique dont les composantes suivant les mêmes axes sont f_1, f_2 et f_3.

A la surface de l'enveloppe, on a

$$\rho_1 = A \quad \text{et} \quad \rho_1 = A'.$$

Les formules (R), (N), (T) montrent que, dans ce cas, la dilatation est nulle, ainsi que les R_i, N'_i et T'_i. Donc les points de la surface n'éprouvent aucun déplacement; il ne s'y exerce aucune force élastique. L'enveloppe n'éprouve donc aucune déformation périodique; c'est un état vibratoire silencieux et imperceptible.

Pour le plan des XY qui est donné par $z = 0$, il faut que $\rho_2 = c$, comme l'indiquent les formules (2).

Les points situés sur ce plan sont déterminés par un système d'ellipses et d'hyperboles dont les équations sont données par les formules (1). Dans ce cas,

L'axe des s_1 est la normale à l'ellipse au point considéré;

L'axe des s_2 est la perpendiculaire au plan XY;

L'axe des s_3 est la normale à l'hyperbole.

Si en même temps que $\rho_2 = c$, on a $\rho_3 = b$, ce système de valeurs donne l'axe des X; on aura l'axe des Y en faisant $\rho_3 = 0$.

Lorsque $\rho_2 = c$, on a

$$R_2 = 0, \quad T'_1 = 0, \quad T'_3 = 0.$$

Les points vibrent donc sans sortir du plan XY.

Les forces élastiques qui s'exercent sur les éléments plans situés dans ce même plan sont des forces normales; et pour des éléments plans perpendiculaires au plan des XY, les formules (3) indiquent que les composantes de la force élastique suivant l'axe des s_2 sont nulles; par conséquent, les forces sont situées dans le plan XY.

Si, en outre, on fait $\rho_3 = b$, on aura les points situés sur l'axe des X. Dans ce cas, $R_2 = 0$, $R_2 = 0$, les T'_i sont nuls.

Les points se déplacent suivant l'axe, et les éléments plans perpendiculaires aux X, Y, Z ne sont sollicités que par des forces normales.

Pour l'axe des Y où $\rho_3 = 0$ et $\rho_2 = c$, on sera conduit aux mêmes conclusions si $\mathfrak{R}_3$ est une fonction paire, auquel cas $\frac{d\mathfrak{R}_3}{d\rho_3} = 0$ pour $\rho_3 = 0$.

Si $\mathfrak{R}_3$ est une fonction impaire, on aura

$$R_1 = 0, \quad R_2 = 0, \quad \theta = 0, \quad T'_1 = 0, \quad T'_3 = 0,$$

les N'_i seront nuls aussi.

C'est-à-dire que les points ne se déplacent que suivant l'axe des s_3 qui est la normale à l'hyperbole, ou une perpendiculaire à l'axe des Y.

Les formules (3) font voir que les forces élastiques sont toutes situées dans le plan XY, car $f_2 = 0$; et cette force ayant pour valeur en un point donné $\sqrt{1 - n^2}.T'_2$, il en résulte que pour les éléments plans également inclinés sur le plan coordonné, ces forces seront égales.

Donc elles se détruisent deux à deux, et il ne s'exerce de forces que sur les éléments plans perpendiculaires à l'axe des s_1 et à l'axe des s_3.

On aura tous les points situés sur le plan des XZ en faisant d'abord $\rho_2 = b$, et alors les axes des s_1, s_2, s_3 seront les normales aux ellipses, au plan des XZ et aux hyperboles; puis on fera $\rho_3 = b$: dans ce cas, les axes des s_1, s_2, s_3 seront les normales aux ellipses, aux hyperboles et au plan XZ.

L'axe des Z s'obtiendra en faisant $\rho_2 = b$ et $\rho_3 = 0$.

On constatera sur ce plan des phénomènes semblables à ceux qu'on a observés sur le plan XY.

Enfin, on aura les points situés sur le plan des YZ en faisant $\rho_3 = 0$.

Si $\mathfrak{R}_3$ est une fonction paire, on sera conduit aux mêmes conséquences que pour les deux autres plans coordonnés.

Si $\mathfrak{R}_3$ est une fonction impaire, on aura

$$R_1 = 0, \quad R_2 = 0, \quad \theta = 0, \quad T'_3 = 0,$$

les N'_i seront nuls. Les points de ce plan se déplaceront donc parallèlement à l'axe des X.

Maintenant, considérons un état vibratoire particulier correspondant à une valeur déterminée du paramètre q, lequel état vibratoire pourrait exister seul si l'état initial s'y prêtait, et cherchons les points où les déplacements sont nuls. Il faut et il suffit que l'on ait

$$\frac{k_1}{\sqrt{(\rho_1^2-\rho_2^2)(\rho_1^2-\rho_3^2)}}\mathfrak{R}_2\mathfrak{R}_3\frac{d\mathfrak{R}_1}{d\rho_1} = 0,$$

$$\frac{k_2}{\sqrt{(\rho_1^2-\rho_2^2)(\rho_2^2-\rho_3^2)}}\mathfrak{R}_3\mathfrak{R}_1\frac{d\mathfrak{R}_2}{d\rho_2} = 0,$$

$$\frac{k_3}{\sqrt{(\rho_1^2-\rho_3^2)(\rho_2^2-\rho_3^2)}}\mathfrak{R}_1\mathfrak{R}_2\frac{d\mathfrak{R}_3}{d\rho_3} = 0.$$

Il y a plusieurs manières de satisfaire à ces équations :

I. $\quad k_2 = 0, \quad k_3 = 0, \quad \mathfrak{R}_2\mathfrak{R}_3\dfrac{d\mathfrak{R}_1}{d\rho_1} = 0;$

II. $\quad k_2 = 0, \quad \mathfrak{R}_2\mathfrak{R}_3\dfrac{d\mathfrak{R}_1}{d\rho_1} = 0, \quad \mathfrak{R}_1\mathfrak{R}_2\dfrac{d\mathfrak{R}_3}{d\rho_3} = 0;$

III. $\quad k_3 = 0, \quad \mathfrak{R}_2\mathfrak{R}_3\dfrac{d\mathfrak{R}_1}{d\rho_1} = 0, \quad \mathfrak{R}_1\mathfrak{R}_3\dfrac{d\mathfrak{R}_2}{d\rho_2} = 0;$

IV. $\quad \mathfrak{R}_2\mathfrak{R}_3\dfrac{d\mathfrak{R}_1}{d\rho_1} = 0, \quad \mathfrak{R}_3\mathfrak{R}_1\dfrac{d\mathfrak{R}_2}{d\rho_2} = 0, \quad \mathfrak{R}_1\mathfrak{R}_2\dfrac{d\mathfrak{R}_3}{d\rho_3} = 0.$

Les trois premiers systèmes donnent des points situés sur les axes ou sur les plans principaux de l'ellipsoïde.

Occupons-nous du dernier système et rappelons que la fonction $\mathfrak{R}_i$

et sa dérivée ne peuvent pas s'annuler en même temps pour une même valeur de ρ_i.

Pour satisfaire aux équations IV, il faut et il suffit que l'on ait:

1°. $\mathfrak{R}_1 = 0, \quad \mathfrak{R}_2 = 0;$

2°. $\mathfrak{R}_1 = 0, \quad \mathfrak{R}_3 = 0;$

3°. $\mathfrak{R}_2 = 0, \quad \mathfrak{R}_3 = 0;$

4°. $\frac{d\mathfrak{R}_1}{d\rho_1} = 0, \quad \frac{d\mathfrak{R}_2}{d\rho_2} = 0, \quad \frac{d\mathfrak{R}_3}{d\rho_3} = 0.$

Le système 1° donne des lignes de courbure des ellipsoïdes fournis par l'équation

$$\mathfrak{R}_1 = 0,$$

lesquelles lignes de courbure se projettent sur le plan XY suivant des ellipses. Les différents points de ces lignes sont immobiles; la dilatation y est nulle; $T'_1 = 0$, $T'_2 = 0$, les $N'_i = 0$; donc il ne s'exerce pas de force élastique sur les éléments plans perpendiculaires à ces lignes de courbure, qui sont les axes des s_3. Les formules (3) indiquent que la force qui s'exerce sur un élément plan quelconque n'a pas de composante suivant l'axe des s_3; donc toutes les forces élastiques qui s'exercent en un point sont contenues dans un plan passant par ce point et perpendiculaire à la ligne de courbure. De plus, la valeur de cette force étant $\sqrt{1-p^2}\,.\,T'_3$, on voit que les forces élastiques exercées sur tous les plans également inclinés sur la ligne de courbure sont toutes égales et se détruisent deux à deux.

Le système 2° donne des lignes de courbure des mêmes ellipsoïdes, mais leurs projections sont des hyperboles.

Le système 3° donne des lignes formées par les intersections des surfaces ρ_2 et ρ_3.

Enfin, les équations 4° donnent certains points où les forces tangentielles sont nulles; mais la dilatation et les forces normales ne sont pas nulles.

Ainsi l'enveloppe se trouve divisée en plusieurs couches homofocales par les ellipsoïdes, dont les paramètres ρ_1 satisfont à l'équation

$$\mathfrak{R}_1 = 0.$$

Considérons un de ces ellipsoïdes; les hyperboloïdes fournis par les équations

$$\mathfrak{R}_2 = 0, \quad \mathfrak{R}_3 = 0,$$

tracent sur lui des lignes de courbure, et forment sur sa surface des rectangles curvilignes. De ces sommets partent les lignes de courbure, intersections des surfaces données par $\mathfrak{R}_2 = 0$ et $\mathfrak{R}_3 = 0$, qui vont aboutir au sommet du rectangle tracé sur l'ellipsoïde voisin.

L'enveloppe se trouve donc partagée en parallélipipèdes rectangles à arêtes curvilignes. Ces arêtes sont des lignes nodales; les forces élastiques qui s'exercent en un point d'une arête sont dans un plan perpendiculaire à l'arête et passant par ce point; pour les éléments plans de même inclinaison elles sont données par les rayons d'un cercle situé dans ce plan et ayant son centre au point que l'on considère, et, par suite, se détruisent deux à deux. Enfin, il ne s'exerce aucune force élastique sur les sommets de ces parallélipipèdes.

Entre deux valeurs consécutives qui annulent $\mathfrak{R}_i$, il en existe au moins une qui annule $\frac{d\mathfrak{R}_i}{d\rho_i}$. Donc, dans l'intérieur d'un parallélipipède, il se trouve un ou plusieurs points pour lesquels on a

$$\frac{d\mathfrak{R}_1}{d\rho_1} = 0, \quad \frac{d\mathfrak{R}_2}{d\rho_2} = 0, \quad \frac{d\mathfrak{R}_3}{d\rho_3} = 0;$$

ces points sont immobiles, mais la dilatation et les forces normales n'y sont pas nulles, et même la dilatation ou la contraction y est maximum.

Valeurs des déplacements et des forces élastiques.

On a

$$\left\{\begin{aligned} F &= \sum_q \mathop{\mathrm{S}}_{m,n} T\,\mathfrak{R}_1\mathfrak{R}_2\mathfrak{R}_3, \\ T &= H\cos(q\Omega t) + G\sin(q\Omega t). \end{aligned}\right.$$

Si θ représente la dilatation, on trouve

$$\theta = \Delta_2 F = \frac{1}{\Omega^2}\frac{d^2F}{dt^2} = -\sum_q \mathop{\mathrm{S}}_{m,n} q^2 T\,\mathfrak{R}_1\mathfrak{R}_2\mathfrak{R}_3,$$

en ayant égard à l'équation (4), § II.

Enfin, à l'aide des formules (14), (7) et (8) du § I, et des formules (3), (14) et (17) du § II, nous obtiendrons les déplacements et les forces élastiques :

1°. *Projection des déplacements sur les axes des s_1, s_2, s_3.*

$$
(\mathrm{R})\qquad
\left\{
\begin{aligned}
\mathrm{R}_1 &= \frac{k_1}{\sqrt{(\rho_1^2-\rho_2^2)(\rho_1^2-\rho_3^2)}} \sum_q \mathop{\mathrm{S}}_{m,n} \mathrm{T}\, \mathfrak{R}_2 \mathfrak{R}_3 \frac{d\mathfrak{R}_1}{d\rho_1},\\
\mathrm{R}_2 &= \frac{k_2}{\sqrt{(\rho_1^2-\rho_2^2)(\rho_2^2-\rho_3^2)}} \sum_q \mathop{\mathrm{S}}_{m,n} \mathrm{T}\, \mathfrak{R}_3 \mathfrak{R}_1 \frac{d\mathfrak{R}_2}{d\rho_2},\\
\mathrm{R}_3 &= \frac{k_3}{\sqrt{(\rho_2^2-\rho_3^2)(\rho_1^2-\rho_3^2)}} \sum_q \mathop{\mathrm{S}}_{m,n} \mathrm{T}\, \mathfrak{R}_1 \mathfrak{R}_2 \frac{d\mathfrak{R}_3}{d\rho_3}.
\end{aligned}
\right.
$$

2°. *Composantes normales de la force élastique suivant les mêmes axes.*

$$
(\mathrm{N})\qquad
\left\{
\begin{aligned}
\mathrm{N}'_1 &= \lambda\theta + \frac{2\mu}{(\rho_1^2-\rho_2^2)(\rho_1^2-\rho_3^2)} \sum_q \mathop{\mathrm{S}}_{m,n} \mathrm{T}
\left\{
\begin{aligned}
&(n+m\rho_1^2-q^2\rho_1^4)\mathfrak{R}_1\mathfrak{R}_2\mathfrak{R}_3\\
&-(\rho_1^2-\rho_2^2)\mathfrak{R}_2\left(\rho_1 h_1^2 \mathfrak{R}_3 \frac{d\mathfrak{R}_1}{d\rho_1} + \rho_3 h_3^2 \mathfrak{R}_1 \frac{d\mathfrak{R}_3}{d\rho_3}\right)\\
&-(\rho_1^2-\rho_3^2)\mathfrak{R}_3\left(\rho_2 h_2^2 \mathfrak{R}_1 \frac{d\mathfrak{R}_2}{d\rho_2} + \rho_1 h_1^2 \mathfrak{R}_2 \frac{d\mathfrak{R}_1}{d\rho_1}\right)
\end{aligned}
\right\},\\
\mathrm{N}'_2 &= \lambda\theta + \frac{2\mu}{(\rho_2^2-\rho_3^2)(\rho_1^2-\rho_3^2)} \sum_q \mathop{\mathrm{S}}_{m,n} \mathrm{T}
\left\{
\begin{aligned}
&-(n+m\rho_2^2-q^2\rho_2^4)\mathfrak{R}_1\mathfrak{R}_2\mathfrak{R}_3\\
&+(\rho_2^2-\rho_3^2)\mathfrak{R}_3\left(\rho_2 h_2^2 \mathfrak{R}_1 \frac{d\mathfrak{R}_2}{d\rho_2} + \rho_1 h_1^2 \mathfrak{R}_2 \frac{d\mathfrak{R}_1}{d\rho_1}\right)\\
&-(\rho_1^2-\rho_2^2)\mathfrak{R}_1\left(\rho_3 h_3^2 \mathfrak{R}_2 \frac{d\mathfrak{R}_3}{d\rho_3} + \rho_2 h_2^2 \mathfrak{R}_3 \frac{d\mathfrak{R}_2}{d\rho_2}\right)
\end{aligned}
\right\},\\
\mathrm{N}'_3 &= \lambda\theta + \frac{2\mu}{(\rho_1^2-\rho_2^2)(\rho_2^2-\rho_3^2)} \sum_q \mathop{\mathrm{S}}_{m,n} \mathrm{T}
\left\{
\begin{aligned}
&(n+m\rho_3^2-q^2\rho_3^4)\mathfrak{R}_1\mathfrak{R}_2\mathfrak{R}_3\\
&+(\rho_1^2-\rho_3^2)\mathfrak{R}_1\left(\rho_3 h_3^2 \mathfrak{R}_2 \frac{d\mathfrak{R}_3}{d\rho_3} + \rho_2 h_2^2 \mathfrak{R}_3 \frac{d\mathfrak{R}_2}{d\rho_2}\right)\\
&+(\rho_2^2-\rho_3^2)\mathfrak{R}_2\left(\rho_1 h_1^2 \mathfrak{R}_3 \frac{d\mathfrak{R}_1}{d\rho_1} + \rho_3 h_3^2 \mathfrak{R}_3 \frac{d\mathfrak{R}_3}{d\rho_3}\right)
\end{aligned}
\right\};
\end{aligned}
\right.
$$

h_1, h_2, h_3 ont les valeurs (3), § II.

3°. *Composantes tangentielles de la force élastique.*

$$(\mathrm{T})\left\{\begin{aligned}
\mathrm{T}'_1 &= \frac{2\mu k_2 k_3}{(\rho_2^2-\rho_3^2)\sqrt{(\rho_1^2-\rho_2^2)(\rho_1^2-\rho_3^2)}}\sum_q \mathop{\mathrm{S}}_{m,n} \mathrm{T}\mathfrak{R}_1\left(\frac{d\mathfrak{R}_2}{d\rho_2}\cdot\frac{d\mathfrak{R}_3}{d\rho_3}+\frac{\rho_3}{\rho_2^2-\rho_3^2}\mathfrak{R}_3\frac{d\mathfrak{R}_2}{d\rho_2}-\frac{\rho_2}{\rho_2^2-\rho_3^2}\mathfrak{R}_2\frac{d\mathfrak{R}_3}{d\rho_3}\right),\\
\mathrm{T}'_2 &= \frac{2\mu k_3 k_1}{(\rho_1^2-\rho_3^2)\sqrt{(\rho_2^2-\rho_3^2)(\rho_1^2-\rho_2^2)}}\sum_q \mathop{\mathrm{S}}_{m,n} \mathrm{T}\mathfrak{R}_2\left(\frac{d\mathfrak{R}_3}{d\rho_3}\cdot\frac{d\mathfrak{R}_1}{d\rho_1}+\frac{\rho_1}{\rho_3^2-\rho_1^2}\mathfrak{R}_1\frac{d\mathfrak{R}_3}{d\rho_3}-\frac{\rho_3}{\rho_3^2-\rho_1^2}\mathfrak{R}_3\frac{d\mathfrak{R}_1}{d\rho_1}\right),\\
\mathrm{T}'_3 &= \frac{2\mu k_1 k_2}{(\rho_1^2-\rho_2^2)\sqrt{(\rho_1^2-\rho_3^2)(\rho_2^2-\rho_3^2)}}\sum_q \mathop{\mathrm{S}}_{m,n} \mathrm{T}\mathfrak{R}_3\left(\frac{d\mathfrak{R}_1}{d\rho_1}\cdot\frac{d\mathfrak{R}_2}{d\rho_2}+\frac{\rho_2}{\rho_1^2-\rho_2^2}\mathfrak{R}_2\frac{d\mathfrak{R}_1}{d\rho_1}-\frac{\rho_1}{\rho_1^2-\rho_2^2}\mathfrak{R}_1\frac{d\mathfrak{R}_2}{d\rho_2}\right).
\end{aligned}\right.$$

Les équations (N), ajoutées membre à membre, donnent comme vérification,

$$\mathrm{N}'_1+\mathrm{N}'_2+\mathrm{N}'_3=(3\lambda+2\mu)\theta.$$

Vu et approuvé,

Le Doyen de la Faculté des Sciences,

MILNE EDWARDS.

Permis d'imprimer,

Le 6 Janvier 1854,

Le Recteur de l'Académie de la Seine,

CAYX.

THÈSE D'ASTRONOMIE.

DIFFÉRENTES FORMES DES ÉQUATIONS DIFFÉRENTIELLES DANS LE PROBLÈME DES TROIS CORPS.

Lorsqu'on voulut intégrer rigoureusement les équations différentielles de ce problème, on ne trouva d'abord que les sept intégrales fournies par les principes de la conservation du mouvement du centre de gravité, des forces vives et des aires. Ces sept intégrales se réduisent à quatre si l'on cherche le mouvement relatif des trois corps autour du centre de gravité du système; et l'on ne possède la solution rigoureuse que dans certains cas particuliers exposés dans la *Mécanique céleste* de Laplace (tome IV, livre x). Cependant de remarquables travaux ont avancé la solution du cas général.

Jacobi, dans un Mémoire intitulé : *Élimination des nœuds dans le problème des trois corps* [*], a réduit les six équations différentielles du second ordre, qui expriment le mouvement relatif des trois corps autour du centre de gravité du système, à cinq équations du premier ordre et une du second; il a donc fait cinq intégrations.

M. Bertrand [**] a ramené la question à l'intégration de six équations, toutes du premier ordre, c'est-à-dire qu'il a effectué une intégration de plus que ne l'avait fait Jacobi.

L'objet de mon travail a été la recherche du multiplicateur de

---

[*] *Comptes rendus des séances de l'Académie des Sciences*, année 1842, page 236, ou *Journal de Mathématiques*, tome IX, page 313.

[**] *Journal de Mathématiques*, tome XVII, page 393.

chacun des deux systèmes d'équations différentielles établis par Jacobi et par M. Bertrand.

J'ai été guidé, dans le second calcul, par les indications qu'a données M. Bertrand dans son cours au Collége de France.

Recherche du multiplicateur du système d'équations différentielles donné par Jacobi.

Jacobi ramène la solution du problème à l'intégration du système suivant :

$$(1)\quad \left\{\begin{aligned}
&\operatorname{tang} u \frac{di}{\sin i} = \operatorname{tang} u_1 \frac{di_1}{\sin i_1},\\
&\operatorname{tang} u \frac{di}{\operatorname{tang} i} + du = \frac{c}{\mu r^2}\frac{\sin i_1}{\sin \mathrm{I}}\, dt,\\
&\operatorname{tang} u_1 \frac{di_1}{\operatorname{tang} i_1} + du_1 = -\frac{c}{\mu_1 r_1^2}\frac{\sin i}{\sin \mathrm{I}}\, dt,\\
&\frac{c \sin i_1}{r r_1 \cos u \sin u_1 \sin^2 \mathrm{I}}\, di = -\left(\frac{m_1 m_2 \gamma \delta}{\rho^3} + \frac{m_2 m \gamma_1 \delta_1}{\rho_1^3} + \frac{m m_1 \gamma_2 \delta_2}{\rho_2^3}\right),\\
&\frac{c^2}{\sin^2 \mathrm{I}}\left(\frac{\sin^2 i_1}{\mu r^2} + \frac{\sin^2 i}{\mu_1 r_1^2}\right) + \mu\left(\frac{dr}{dt}\right)^2 + \mu_1\left(\frac{dr_1}{dt}\right)^2 = 2\mathrm{U} - 2h,\\
&\frac{d^2(\mu r^2 + \mu_1 r_1^2)}{dt^2} = 2\mathrm{U} - 4h.
\end{aligned}\right.$$

On a posé

$$(2)\qquad \mathrm{U} = \frac{m_1 m_2}{\rho} + \frac{m_2 m_1}{\rho_1} + \frac{m m_1}{\rho_3};$$

$$(3)\qquad \left\{\begin{aligned}
\rho^2 &= \gamma^2 r^2 + \delta^2 r_1^2 + 2\gamma\delta r r_1 \cos \mathrm{V},\\
\rho_1^2 &= \gamma_1^2 r^2 + \delta_1^2 r_1^2 + 2\gamma_1\delta_1 r r_1 \cos \mathrm{V},\\
\rho_2^3 &= \gamma_2^2 r^2 + \delta_2^2 r_1^2 + 2\gamma_2\delta r r_1 \cos \mathrm{V};
\end{aligned}\right.$$

$$(4)\qquad \cos \mathrm{V} = \cos u \cos u_1 + \cos \mathrm{I} \sin u \sin u_1,$$

$$(5)\qquad \mathrm{I} = i_1 - i.$$

Les constantes γ, γ_1, γ_2, δ, δ_1, δ_2 sont liées entre elles par les relations

$$(6)\quad \begin{cases} \gamma+\gamma_1+\gamma_2=0, \\ \delta+\delta_1+\delta_2=0, \\ m_1 m_2 \gamma\delta + m_2 m \gamma_1 \delta_1 + m m_1 \gamma_2 \delta_2 = 0, \end{cases}$$

trois de ces constantes pourront être prises arbitrairement.

Les quantités μ et μ_1 se trouvent déterminées par les formules

$$(7)\quad \begin{cases} M\mu\; = m_1 m_2 \gamma^2 + m_2 m \gamma_1^2 + m m_1 \gamma_2^2, \\ M\mu_1 = m_1 m_2 \delta^2 + m_2 m \delta_1^2 + m m_1 \delta_2^2, \end{cases}$$

où

$$M = m + m_1 + m_2;$$

U est la fonction des forces, c et h sont deux constantes arbitraires.

Dans le Mémoire signalé au commencement, Jacobi réduit le problème des trois corps à un problème du mouvement de deux corps. Il démontre :

1°. Que l'intersection commune des plans des orbites des deux corps fictifs reste constamment dans un plan fixe ; c'est le plan invariable du système.

2°. Que les inclinaisons des plans des deux orbites à ce plan fixe et les paramètres de ces orbites regardés comme des ellipses variables, sont quatre éléments, dont deux quelconques déterminent rigoureusement les deux autres.

Il est donc conduit à choisir pour variables :

Les deux rayons vecteurs r et r_1 ;

Leurs distances au nœud ascendant commun des plans des deux orbites u et u_1 ;

Les inclinaisons de ces plans au plan invariable i et i_1 ;

La longitude du nœud ascendant commun des deux plans ou sa distance à l'axe des x, Ω.

Il remarque que ce dernier angle disparaît entièrement du système des équations différentielles et se détermine après leur intégration par une quadrature.

Je me propose de déterminer le multiplicateur du système (1).

Je résous d'abord les quatre premières équations par rapport aux dérivées $\frac{di}{dt}$, $\frac{di_1}{dt}$, $\frac{du}{dt}$, $\frac{du_1}{dt}$. Ayant ces valeurs, je détermine les quantités

$$(8') \quad \left\{ \begin{aligned} \frac{dU}{dt} &= K\left[rr_1 \sin V \frac{dV}{dt} - \cos V\,(rr'_1 + r_1 r')\right] \\ &\quad - rr'H - r_1 r'_1 G, \\ \sin V \frac{dV}{dt} &= \frac{c}{\sin I}\left\{ \begin{aligned} &\frac{\sin i_1 (\cos u_1 \sin u - \cos I \cos u \sin u_1)}{\mu r^2} \\ &- \frac{\sin i (\cos u \sin u_1 - \cos I \cos u_1 \sin u)}{\mu_1 r_1^2} \end{aligned} \right\}, \end{aligned} \right.$$

où l'on a

$$(9) \quad \left\{ \begin{aligned} K &= \frac{m_1 m_2 \gamma \delta}{\rho^3} + \frac{m_2 m \gamma_1 \delta_1}{\rho_1^3} + \frac{m m_1 \gamma_2 \delta_2}{\rho_2^3}, \\ H &= \frac{m_1 m_2 \gamma^2}{\rho^3} + \frac{m_2 m \gamma_1^2}{\rho_1^3} + \frac{m m_1 \gamma_2^2}{\rho_2^3}, \\ G &= \frac{m_1 m_2 \delta^2}{\rho^3} + \frac{m_2 m \delta_1^2}{\rho_1^3} + \frac{m m_1 \delta_2^2}{\rho_2^3}, \end{aligned} \right.$$

et

$$\frac{dr}{dt} = r', \quad \frac{dr_1}{dt} = r'_1.$$

Différentiant la cinquième des équations (1), en ayant égard aux relations (8), éliminant h entre la cinquième et la sixième, on obtient deux équations qui, résolues par rapport à $\frac{dr'}{dt}$ et $\frac{dr'_1}{dt}$, donnent

$$\frac{dr'}{dt} = \frac{c^2 \sin^2 i_1}{\mu^2 r^3 \sin^2 I} + \frac{-U r'_1 + K r_1 (rr'_1 + r_1 r') \cos V + rr_1 r' H + r_1^2 r'_1 G}{\mu (rr'_1 - r_1 r')},$$

$$\frac{dr'_1}{dt} = \frac{c^2 \sin^2 i}{\mu_1^2 r_1^3 \sin^2 I} - \frac{-U r' + K r (rr'_1 + r_1 r') \cos V + r^2 r' H + rr_1 r'_1 G}{\mu_1 (rr'_1 - r_1 r')}.$$

Les formules (2), (3), (9) permettent de simplifier les seconds termes, et l'on remplacera le système (1) par le suivant :

$$
(10)\quad \left\{
\begin{aligned}
\frac{di}{dt} &= -\frac{rr_1 \cos u \sin u_1 \sin^2 I}{c \sin i_1}\,\mathrm{K} = i', \\
\frac{di_1}{dt} &= -\frac{rr_1 \cos u_1 \sin u \sin^2 I}{c \sin i}\,\mathrm{K} = i'_1, \\
\frac{du}{dt} &= \frac{c}{\mu r^2}\,\frac{\sin i_1}{\sin I} + \frac{rr_1 \sin u \sin u_1 \cos i \sin^2 I}{c \sin i \sin i_1}\,\mathrm{K} = u', \\
\frac{du_1}{dt} &= -\frac{c}{\mu_1 r_1^2}\,\frac{\sin i}{\sin I} + \frac{rr_1 \sin u \sin u_1 \cos i_1 \sin^2 I}{c \sin i \sin i_1}\,\mathrm{K} = u'_1, \\
\frac{dr}{dt} &= r', \\
\frac{dr_1}{dt} &= r'_1, \\
\frac{dr'}{dt} &= \frac{c^2 \sin^2 i_1}{\mu^2 r^3 \sin^2 I} - \frac{r\mathrm{H} + r_1 \mathrm{K} \cos \mathrm{V}}{\mu} = r'', \\
\frac{dr'_1}{dt} &= \frac{c^2 \sin^2 i}{\mu_1^2 r_1^3 \sin^2 I} - \frac{r_1 \mathrm{G} + r\mathrm{K} \cos \mathrm{V}}{\mu_1} = r''_1.
\end{aligned}
\right.
$$

Or le multiplicateur est défini par l'équation

$$
(11)\quad \left\{
\begin{aligned}
&\frac{d.\mathrm{M}i'}{di} + \frac{d.\mathrm{M}i'_1}{di_1} + \frac{d.\mathrm{M}u'}{du} + \frac{d.\mathrm{M}u'_1}{du_1} + \frac{d.\mathrm{M}r'}{dr} \\
&\qquad + \frac{d.\mathrm{M}r'_1}{dr_1} + \frac{d.\mathrm{M}r''}{dr'} + \frac{d.\mathrm{M}r''_1}{dr'_1} = 0,
\end{aligned}
\right.
$$

M étant le multiplicateur cherché.

Cette équation peut se mettre sous la forme

$$
(12)\quad \frac{d.\log \mathrm{M}}{dt} = -\left(\frac{dr'}{dr} + \frac{dr'_1}{dr_1} + \frac{dr''}{dr'} + \frac{dr''_1}{dr'_1} + \frac{di'}{di} + \frac{di'_1}{di_1} + \frac{du'}{du} + \frac{du'_1}{du_1}\right),
$$

et, en effectuant les calculs,

$$
(13)\quad \left\{
\begin{aligned}
\frac{d.\log \mathrm{M}}{dt} &= -\frac{rr_1 \mathrm{K} \sin^2 I (\cos u \sin u_1 \cos i + \cos u_1 \sin u \cos i_1)}{c \sin i \sin i_1} \\
&\quad + \frac{2\, rr_1 \mathrm{K}}{c}\left(\frac{\cos u_1 \sin u}{\sin i} - \frac{\cos u \sin u_1}{\sin i_1}\right) \sin I \cos I.
\end{aligned}
\right.
$$

Il s'agit d'intégrer cette équation.

Première méthode.

Je remarque que

$$\frac{d.}{dt}\sin i \sin i_1 = -\frac{rr_1 \mathrm{K} \sin^2 \mathrm{I}}{c}(\cos u \sin u_1 \cos i + \cos u_1 \sin u \cos i_1),$$

$$\frac{rr_1 \mathrm{K} \cos u_1 \sin u}{c \sin i} = -\frac{1}{\sin^2 \mathrm{I}}\frac{di_1}{dt},$$

$$\frac{rr_1 \mathrm{K} \cos u \sin u_1}{c \sin i} = -\frac{1}{\sin^2 \mathrm{I}}\frac{di}{dt}.$$

Donc

$$\frac{d.\log \mathrm{M}}{dt} = \frac{d.\log \sin i \sin i_1}{\sin dt} - \frac{2\cos \mathrm{I}}{\sin \mathrm{I}}\left(\frac{di_1}{dt} - \frac{di}{dt}\right);$$

or

$$\mathrm{I} = i_1 - i,$$

$$\frac{d.\log \mathrm{M}}{dt} = \frac{d.\log \sin i \sin i_1}{dt} - \frac{2\cos \mathrm{I}\frac{d\mathrm{I}}{dt}}{\sin \mathrm{I}},$$

$$\frac{d.\log \mathrm{M}}{dt} = \frac{d.\log \sin i \sin i_1}{dt} - \frac{d.\log \sin^2 \mathrm{I}}{dt};$$

donc

(14) $$\mathrm{M} = \frac{\sin i \sin i_1}{\sin^2 \mathrm{I}}.$$

Seconde méthode.

Si nous posons

$$\mathrm{P} = \frac{-rr_1 \mathrm{K} \sin^2 \mathrm{I}(\cos u \sin u_1 \cos i + \cos u_1 \sin u \cos i_1) + 2rr_1 \sin \mathrm{I} \cos \mathrm{I}(\cos u_1 \sin u \sin i_1 - \cos u \sin u_1 \sin i)}{c \sin i \sin i_1}$$

et

$$\log \mathrm{M} = \mathrm{N},$$

l'équation (13) devient

$$\frac{d\mathrm{N}}{dt} = \mathrm{KP}.$$

Développons le premier membre,

$$\frac{d\mathrm{N}}{di}\frac{di}{dt} + \frac{d\mathrm{N}}{di_1}\frac{di_1}{dt} + \frac{d\mathrm{N}}{du}\frac{du}{dt} + \frac{d\mathrm{N}}{du_1}\frac{du_1}{dt} + \frac{d\mathrm{N}}{dr}\frac{dr}{dt}$$
$$+ \frac{d\mathrm{N}}{dr_1}\frac{dr_1}{dt} + \frac{d\mathrm{N}}{dr'}\frac{dr'}{dt} + \frac{d\mathrm{N}}{dr'_1}\frac{dr'_1}{dt} = \mathrm{KP}.$$

Remplaçant les dérivées $\frac{di}{dt}$, etc., par leurs valeurs (10), et chassant les dénominateurs μ et μ_1, on trouve

$$(15)\quad \left\{\begin{aligned} &\mu^2 \cdot \frac{dN}{dr_1'} \frac{c^2 \sin^2 i}{r_1^3 \sin^2 \mathrm{I}} + \mu_1^2 \cdot \frac{dN}{dr'} \cdot \frac{c^2 \sin^2 i_1}{r^3 \sin^2 \mathrm{I}} - \mu^2 \mu_1 \cdot \frac{dN}{du_1} \frac{c \sin i}{r^2 \sin \mathrm{I}} + \mu_1^2 \mu \cdot \frac{dN}{du} \cdot \frac{c \sin i}{r_1^2 \sin \mathrm{I}} \\ &- \mu^2 \mu_1 \frac{dN}{dr_1'} (r_1 \mathrm{G} + r\mathrm{K} \cos \mathrm{V}) - \mu_1^2 \mu \frac{dN}{dr'} (r\mathrm{H} + r_1 \mathrm{K} \cos \mathrm{V}) \\ &+ \mu^2 \mu_1^2 \left(\frac{dN}{dr} r' + \frac{dN}{dr_1} r_1' \right) \\ &- \mu^2 \mu_1^2 \mathrm{K} \left(\begin{aligned} &\frac{dN}{di} \frac{\cos u \sin u_1 \sin^2 \mathrm{I}\, rr_1}{c \sin i_1} + \frac{dN}{di_1} \frac{\cos u_1 \sin u \sin^2 \mathrm{I}\, rr_1}{c \sin i} \\ &- \frac{dN}{du} \cdot \frac{\sin u \sin u_1 \cos i \sin^2 \mathrm{I}\, rr_1}{c \sin i \sin i_1} - \frac{dN}{du_1} \frac{\sin u \sin u_1 \cos i_1 \sin^2 \mathrm{I}\, rr_1}{c \sin i \sin i_1} + \mathrm{P} \end{aligned} \right) \end{aligned} \right\} = 0,$$

Le multiplicateur doit vérifier cette équation aux différentielles partielles; or il pourrait arriver qu'il fût indépendant des masses: introduisons cette hypothèse en posant

$$\frac{dN}{du} = 0, \quad \frac{dN}{du_1} = 0, \quad \frac{dN}{dr} = 0, \quad \frac{dN}{dr_1} = 0, \quad \frac{dN}{dr'} = 0, \quad \frac{dN}{dr_1'} = 0,$$

c'est-à-dire que N n'est fonction que de i et i_1.

Pour l'obtenir, nous intégrerons l'équation suivante, à laquelle se réduit l'équation (15),

$$(16)\quad \left\{\begin{aligned} &\frac{dN}{di} \cdot \frac{\cos u \sin u_1 \sin \mathrm{I}}{\sin i_1} + \frac{dN}{di_1} \frac{\cos u_1 \sin u \sin \mathrm{I}}{\sin i} \\ &- \frac{(\cos u \sin u_1 \cos i + \cos u_1 \sin u \cos i_1) + 2(\cos u \sin u_1 \sin i - \cos u_1 \sin u \sin i_1)}{\sin i \sin i_1} \end{aligned}\right\} = 0.$$

Posons

$$\cos u \sin u_1 = a, \quad \cos u_1 \sin u = b;$$

ce sont des constantes dans l'intégration, et elles doivent disparaître du résultat. Pour avoir N, il faut intégrer le système

$$(17)\quad \left\{\begin{aligned} &\frac{dN \sin i}{(a \cos i + b \cos i_1) \sin \mathrm{I} + 2(a \sin i - b \sin i_1) \cos \mathrm{I}} = \frac{di}{a \sin \mathrm{I}}, \\ &\frac{dN \sin i_1}{(a \cos i + b \cos i_1) \sin \mathrm{I} + 2(a \sin i - b \sin i_1) \cos \mathrm{I}} = \frac{di_1}{b \sin \mathrm{I}}. \end{aligned}\right.$$

Pour intégrer la première des équations (17), remarquons que l'on a

$$a \sin i \, di_1 = b \sin i_1 \, di;$$

au moyen de cette relation éliminons b, il en résulte

$$dN - \frac{di \sin i_1 (\cos i \sin I + 2 \sin i \cos I) + di_1 \sin i (\cos i_1 \sin I - 2 \sin i_1 \cos I)}{\sin i \sin i_1 \sin I} = 0,$$

$$dN - \frac{di \cos i}{\sin i} - \frac{di_1 \cos i_1}{\sin i} + \frac{2 \cos I \, dI}{\sin I} = 0,$$

$$\log M - \log \frac{\sin i \sin i_1}{\sin^2 I} = \text{const.};$$

donc

$$\varphi\left(\log M - \log \frac{\sin i \sin i_1}{\sin^2 I}\right) = C \tag{18}$$

est une intégrale de l'équation (16).

Un calcul analogue effectué sur la deuxième des équations (15) conduirait à la même expression; donc l'équation (18) est l'intégrale.

Par conséquent,

$$M = \frac{\sin i \sin i_1}{\sin^2 I} \tag{19}$$

est un des multiplicateurs du système (1); car on sait qu'il en existe une infinité. Cette expression a cela de remarquable, qu'elle n'est fonction que des inclinaisons des plans des orbites sur le plan invariable.

Recherche du multiplicateur du système d'équations différentielles donné par M. Bertrand.

Pour avancer la solution du problème des trois corps, M. Bertrand est conduit, par des considérations développées dans le Mémoire mentionné plus haut, à intégrer le système suivant :

$$
(1)\quad \left\{
\begin{aligned}
&\frac{du}{dt} = 2w, \quad \frac{du_1}{dt} = 2w_1, \quad \frac{dQ}{dt} = R + R_1, \\
&\frac{dv}{dt} = 2\sum \psi'(\rho_3^2)\,[2(\alpha_1 - \alpha_2)^2 w + 2R\,(\alpha_1 - \alpha_2)(\beta_1 - \beta_2)]\,m_1 m_2, \\
&\frac{dv_1}{dt} = 2\sum \psi'(\rho_3^2)\,[2(\beta_1 - \beta_2)^2 w_1 + 2R_1(\alpha_1 - \alpha_2)(\beta_1 - \beta_2)]\,m_1 m_2, \\
&\frac{dw}{dt} = v + \sum \psi'(\rho_3^2)\,[2(\alpha_1 - \alpha_2)^2 u + 2Q(\alpha_1 - \alpha_2)(\beta_1 - \beta_2)]\,m_1 m_2, \\
&\frac{dw_1}{dt} = v_1 + \sum \psi'(\rho_3^2)\,[2(\beta_1 - \beta_2)^2 u_1 + 2Q(\alpha_1 - \alpha_2)(\beta_1 - \beta_2)]\,m_1 m_2, \\
&\frac{dR}{dt} = Z + \sum \psi'(\rho_3^2)\,[2(\alpha_1 - \alpha_2)^2 Q + 2u_1(\alpha_1 - \alpha_2)(\beta_1 - \beta_2)]\,m_1 m_2, \\
&\frac{dR_1}{dt} = Z + \sum \psi'(\rho_3^2)\,[2(\beta_1 - \beta_2)^2 Q + 2u(\alpha_1 - \alpha_2)(\beta_1 - \beta_2)]\,m_1 m_2,
\end{aligned}
\right.
$$

après avoir posé

$$
(2)\quad \left\{
\begin{aligned}
&q_1^2 + q_3^2 + q_5^2 = u, \qquad q_2^2 + q_4^2 + q_6^2 = u_1, \\
&q_1'^2 + q_3'^2 + q_5'^2 = v, \qquad q_2'^2 + q_4'^2 + q_6'^2 = v_1, \\
&q_1 q_1' + q_3 q_3' + q_5 q_5' = w, \qquad q_2 q_2' + q_4 q_4' + q_6 q_6' = w_1, \\
&q_1' q_2 + q_3' q_4 + q_5' q_6 = R, \qquad q_1 q_2' + q_3 q_4' + q_5 q_6' = R_1, \\
&q_1 q_2 + q_3 q_4 + q_5 q_6 = Q, \\
&q_1' q_2' + q_3' q_4' + q_5' q_6' = Z.
\end{aligned}
\right.
$$

On a, de plus, les formules

$$
(3)\quad \left\{
\begin{aligned}
\rho_1^2 &= (\alpha_2 - \alpha_3)^2 u + (\beta_2 - \beta_3)^2 u_1 + 2(\alpha_2 - \alpha_3)(\beta_2 - \beta_3)Q, \\
\rho_2^2 &= (\alpha_3 - \alpha_1)^2 u + (\beta_3 - \beta_1)^2 u_1 + 2(\alpha_3 - \alpha_1)(\beta_3 - \beta_1)Q, \\
\rho_3^2 &= (\alpha_1 - \alpha_2)^2 u + (\beta_1 - \beta_2)^2 u_1 + 2(\alpha_1 - \alpha_2)(\beta_1 - \beta_2)Q.
\end{aligned}
\right.
$$

Les constantes α_1, α_2, α_3, β_1, β_2, β_3 sont liées entre elles par les relations

$$
(4)\quad \left\{
\begin{aligned}
&m_1\alpha_1 + m_2\alpha_2 + m_3\alpha_3 = 0, \\
&m_1\beta_1 + m_2\beta_2 + m_3\beta_3 = 0, \\
&m_1^2\alpha_1^2 + m_2^2\alpha_2^2 + m_3^2\alpha_3^2 = 1, \\
&m_1^2\beta_1^2 + m_2^2\beta_2^2 + m_3^2\beta_3^2 = 1, \\
&m_1\alpha_1\beta_1 + m_2\alpha_2\beta_2 + m_3\alpha_3\beta_3 = 0,
\end{aligned}
\right.
$$

m_1, m_2, m_3 étant les masses des trois corps.

Il s'agit d'abord de démontrer que Z peut s'exprimer en fonction des neuf variables u, u_1, v, v_1, w, w_1, R, R_1, Q et de chercher son expression.

Pour y parvenir, considérons dans l'espace, à partir de l'origine des coordonnées, quatre droites qui forment avec trois axes rectangulaires des angles dont les cosinus soient respectivement proportionnels à q_1, q_3, q_5; q_2, q_4, q_6; q'_1, q'_3, q'_5; q'_2, q'_4, q'_6; soient OA′, OA″, OA‴, OA^{IV} ces droites, O étant l'origine et A′, A″, A‴, A^{IV} les points où elles percent une sphère d'un rayon égal à l'unité; désignons ces droites par les numéros

$$(1),\quad (2),\quad (3),\quad (4),$$

on aura, en ayant égard aux formules (2),

$$(5)\quad \begin{cases} \cos(1, 2) = \cos\alpha = \dfrac{Q}{\sqrt{uu_1}}, & \cos(2, 3) = \cos\gamma_1 = \dfrac{R}{\sqrt{u_1 v}}, \\ \cos(1, 3) = \cos\beta = \dfrac{w}{\sqrt{uv}}, & \cos(2, 4) = \cos\beta_1 = \dfrac{w_1}{\sqrt{u_1 v_1}}, \\ \cos(1, 4) = \cos\gamma = \dfrac{R_1}{\sqrt{uv_1}}, & \cos(3, 4) = \cos\alpha_1 = \dfrac{Z}{\sqrt{vv_1}}. \end{cases}$$

Nous obtiendrons ainsi un quadrilatère sphérique qui est déterminé, puisque l'on connaît trois côtés et deux diagonales; donc le quatrième côté, c'est-à-dire cos α_1, pourra s'exprimer au moyen de ces quantités qui sont des fonctions de u, u_1, etc.

Pour trouver son expression, construisons le triangle sphérique A′A″A‴, puis le triangle A′A″A^{IV}; le côté cherché sera A‴A^{IV}.

Posons

$$\text{angle } \widehat{A'A''A^{\text{IV}}} = m,\quad \widehat{A'A''A'''} = n,\quad \widehat{A'''A''A^{\text{IV}}} = z.$$

Or, dans la construction du triangle A′A″A^{IV}, le sommet A^{IV} peut occuper trois positions différentes :

1°. Si A^{IV} se trouve à gauche du côté A′A″ et en dehors du triangle A′A″A‴, alors

$$z = m - n;$$

2°. Si A″ se trouve encore à gauche de A′A″ et dans le triangle

A′A″A‴, alors

$$z = n - m;$$

3°. Si A^{IV} se trouve à droite du triangle primitivement construit, dans ce cas

$$z = m + n.$$

Ceci posé, on a

$$\begin{aligned}
\cos\beta &= \cos\alpha \ \cos\gamma_1 + \sin\alpha \ \sin\gamma_1 \cos n,\\
\cos\gamma &= \cos\alpha \ \cos\beta_1 + \sin\alpha \ \sin\beta_1 \cos m,\\
\cos\alpha_1 &= \cos\beta_1 \cos\gamma_1 + \sin\beta_1 \sin\gamma_1 \cos z,\\
\cos z &= \cos\left[\begin{array}{c} m+n \\ \text{ou} \\ \pm(m-n) \end{array}\right] = \cos m \cos n \pm \sin m \sin n;
\end{aligned}$$

des deux premières formules, déduisant cos m, sin m, cos n, sin n, on arrive à

$$\cos\alpha_1 = \frac{Z}{\sqrt{vv_1}} = \frac{\cos\beta\cos\gamma + \cos\beta_1\cos\gamma_1 - \cos\alpha(\cos\beta\cos\beta_1 + \cos\gamma\cos\gamma_1) \pm \sqrt{P}}{\sin^2\alpha},$$

la quantité P pouvant se mettre sous la forme

$$P = [\cos\beta\cos\gamma + \cos\beta_1\cos\gamma_1 - \cos\alpha(\cos\beta\cos\beta_1 + \cos\gamma\cos\gamma_1)]^2 + \sin^2\alpha\left(\begin{array}{l} \sin^2\alpha + \cos^2\beta\cos^2\beta_1 + \cos^2\gamma\cos^2\gamma_1 + 2\cos\alpha\cos\beta\cos\gamma_1 \\ + 2\cos\alpha\cos\gamma\cos\beta_1 - \cos^2\beta - \cos^2\gamma - \cos^2\beta_1 - \cos^2\gamma_1 \\ - 2\cos\beta\cos\beta_1\cos\gamma\cos\gamma_1 \end{array}\right);$$

si l'on pose

$$(6)\left\{\begin{array}{l} A = uu_1 - Q^2,\\ B = Q(RR_1 + ww_1) - uw_1R - u_1wR_1,\\ C = uv_1R^2 + u_1vR_1^2 - R^2R_1^2 + 2ww_1RR_1 - 2v_1wQR \\ \quad - 2vw_1QR_1 - uu_1vv_1 + vv_1Q^2 + uvw_1^2 + u_1v_1w^2 - w^2w_1^2, \end{array}\right.$$

on trouve, définitivement,

$$(7) \qquad Z = \frac{-B \pm \sqrt{B^2 - AC}}{A};$$

d'où l'on déduit immédiatement l'équation du deuxième degré qui

8

détermine Z; appelant D cette fonction, on a

$$D = AZ^2 + 2BZ + C = 0. \tag{8}$$

On peut arriver, par une autre marche, à la détermination de Z. Considérons la fonction

$$\mathfrak{F} = (ax + by + cz + du)^2 + (a'x + b'y + c'z + d'u)^2 + (a''x + b''y + c''z + d''u)^2.$$

Si l'on pose

$$\frac{d\mathfrak{F}}{dx} = 0, \quad \frac{d\mathfrak{F}}{dy} = 0, \quad \frac{d\mathfrak{F}}{dz} = 0, \quad \frac{d\mathfrak{F}}{du} = 0,$$

on obtient quatre équations qui ont une infinité de solutions, quels que soient a, a', a'', etc.

En effet, posons

$$ax + by + cz + du = \alpha,$$
$$a'x + b'y + c'z + d'u = \beta,$$
$$a''x + b''y + c''z + d''u = \gamma;$$

$$\frac{d\mathfrak{F}}{dx} = 2\left(\alpha\frac{d\alpha}{dx} + \beta\frac{d\beta}{dx} + \gamma\frac{d\gamma}{dx}\right), \quad \frac{d\mathfrak{F}}{dz} = 2\left(\alpha\frac{d\alpha}{dz} + \beta\frac{d\beta}{dz} + \gamma\frac{d\gamma}{dz}\right),$$
$$\frac{d\mathfrak{F}}{dy} = 2\left(\alpha\frac{d\alpha}{dy} + \beta\frac{d\beta}{dy} + \gamma\frac{d\gamma}{dy}\right), \quad \frac{d\mathfrak{F}}{du} = 2\left(\alpha\frac{d\alpha}{du} + \beta\frac{d\beta}{du} + \gamma\frac{d\gamma}{du}\right).$$

Or, pour que ces expressions soient nulles, il suffit que

$$\alpha = 0, \quad \beta = 0, \quad \gamma = 0.$$

Ces trois équations ont une infinité de valeurs; donc les équations suivantes sont vérifiées par une infinité de valeurs :

$$(ax + by + cz + du)a + (a'x + b'y + c'z + d'u)a' + (a''x + b''y + c''z + d''u)a'' = 0,$$
$$(ax + by + cz + du)b + (a'x + b'y + c'z + d'u)b' + (a''x + b''y + c''z + d''u)b'' = 0,$$
$$(ax + by + cz + du)c + (a'x + b'y + c'z + d'u)c' + (a''x + b''y + c''z + d''u)c'' = 0,$$
$$(ax + by + cz + du)d + (a'x + b'y + c'z + d'u)d' + (a''x + b''y + c''z + d''u)d'' = 0.$$

Donc le *déterminant* est nul, quels que soient a, a', a'', b, etc.

Or, ce déterminant est

$$\begin{vmatrix} \Sigma a^2, & \Sigma ab, & \Sigma ac, & \Sigma ad, \\ \Sigma ba, & \Sigma b^2, & \Sigma bc, & \Sigma bd, \\ \Sigma ca, & \Sigma cb, & \Sigma c^2, & \Sigma cd, \\ \Sigma da, & \Sigma db, & \Sigma dc, & \Sigma d^2. \end{vmatrix}$$

Remplaçons
$$\begin{array}{lll} a,\ a',\ a'' & \text{par} & q_1,\ q_3,\ q_5; \\ b,\ b',\ b'' & & q_2,\ q_4,\ q_6; \\ c,\ c',\ c'' & & q'_1,\ q'_3,\ q'_5; \\ d,\ d',\ d'' & & q'_2,\ q'_4,\ q'_6. \end{array}$$

Le déterminant qui est nul sera donc

$$(9)\qquad \begin{vmatrix} u, & Q, & w, & R_1; \\ Q, & u_1, & R, & w_1; \\ w, & R, & v, & Z; \\ R_1, & w_1 & Z_1, & v_1. \end{vmatrix}$$

Si nous désignons par D ce déterminant, en l'égalant à zéro, on aura une équation du deuxième degré qui déterminera Z en fonction des variables u, u_1, etc. J'ai effectué ce calcul, et j'ai retrouvé l'équation (8).

Cette seconde méthode pour déterminer Z a été donnée par M. Bertrand, dans son cours au Collége de France, après avoir indiqué simplement la première.

Il s'agit maintenant de trouver l'expression du multiplicateur du système (1); j'y suis parvenu par plusieurs méthodes.

Première méthode.

Partant de l'équation qui définit le multiplicateur, on voit qu'elle se réduit à

$$(10)\qquad \frac{d.\log M}{dt} + \frac{dZ}{dR} + \frac{dZ}{dR_1} = 0.$$

Mais l'équation (8) donnant

$$\frac{dD}{dR} + \frac{dD}{dZ}\cdot\frac{dZ}{dR} = 0, \qquad \frac{dD}{dR_1} + \frac{dD}{dZ}\cdot\frac{dD}{dR_1} = 0,$$

l'équation (10) pourra se mettre sous cette forme :

$$(11)\qquad \frac{d\log M}{dt} = \frac{\frac{dD}{dR} + \frac{dD}{dR_1}}{\frac{dD}{dZ}}.$$

Or

$$(12)\qquad \frac{dD}{dZ} = 2(AZ + B) = \pm 2\sqrt{B^2 - AC},$$

en ayant égard à l'équation (7); il est donc naturel de chercher si $\frac{dD}{dR} + \frac{dD}{dR_1}$ ne serait pas la différentielle de $B^2 - AC$.

Si l'on pose

$$\begin{aligned} E &= Q(R + R_1) - uw_1 - u_1 w, \\ F &= uv_1 R + u_1 v R_1 - RR_1(R + R_1) \\ &\quad + ww_1(R + R_1) - v_1 w Q - v w_1 Q, \end{aligned}$$

on a

$$(13)\qquad \frac{dD}{dR} + \frac{dD}{dR_1} = 2(EZ + F);$$

or

$$\frac{d}{dt}(B^2 - AC) = 2B\frac{dB}{dt} - A\frac{dC}{dt} - C\frac{dA}{dt}.$$

Or les équations (1) étant mises sous la forme

$$(14)\qquad \left\{\begin{aligned} &\frac{du}{dt} = 2w, \quad \frac{du_1}{dt} = 2w_1, \quad \frac{dQ}{dt} = R + R_1; \\ &\frac{dv}{dt} = 2(\mu w + \lambda R), \quad \frac{dv_1}{dt} = 2(\mu_1 w_1 + \lambda R_1), \\ &\frac{dw}{dt} = v + (\mu u + \lambda Q), \quad \frac{dw_1}{dt} = v_1 + (\mu_1 u_1 + \lambda Q), \\ &\frac{dR}{dt} = Z + (\mu Q + \lambda u_1), \quad \frac{dR_1}{dt} = Z + (\mu_1 Q + \lambda u), \end{aligned}\right.$$

on trouve

$$\begin{aligned} 2B\frac{dB}{dt} &= 2B(EZ - F) + 2AB[\mu R_1 + \mu_1 R + \lambda(w + w_1)] \\ -A\frac{dC}{dt} &= -2AFZ - 2AB[\mu R_1 + \mu_1 R + \lambda(w + w_1)], \\ -C\frac{dA}{dt} &= 2CE; \end{aligned}$$

donc

(15) $$\frac{d}{dt}(B^2 - AC) = 2[(BE - AF)Z + CE - BF].$$

Or, en vertu des relations (8), (12) et (13), on a

$$\left(\frac{dD}{dR} + \frac{dD}{dR}\right)\frac{dD}{dZ} = 4[(AF - BE)Z + BF - CE];$$

donc

(16) $$\left(\frac{dD}{dR} + \frac{dD}{dR_1}\right)\frac{dD}{dZ} = -2\frac{d.(B^2 - AC)}{dt};$$

par conséquent,

$$\frac{d.\log M}{dt} = -\frac{2\frac{d}{dt}(B^2 - AC)}{\left(\frac{dD}{dZ}\right)^2} = -\frac{1}{2}\frac{d.\log(B^2 - AC)}{dt};$$

car

$$\frac{dD}{dZ} = 2(AZ + B) = \pm 2\sqrt{B^2 - AC};$$

donc

(17) $$M = \frac{1}{\sqrt{B^2 - AC}} = \frac{1}{AZ + B}.$$

Le radical peut être affecté du double signe.

Deuxième méthode.

Posons

$$\log M = N,$$

et développons le premier terme de l'équation (10); en ayant égard aux formules (1), nous obtiendrons

(18) $$\left\{\begin{array}{l} 2w\frac{dN}{du} + 2w_1\frac{dN}{du_1} + v\frac{dN}{dw} + v_1\frac{dN}{dw_1} + Z\left(\frac{dN}{dR} + \frac{dN}{dR_1}\right) + (R + R_1)\frac{dN}{dQ} + \frac{dZ}{dR} + \frac{dZ}{dR_1} \\ + 2\sum \psi'(\rho_3^2)m_1 m_2 \left\{\begin{array}{l} (\alpha_1 - \alpha_2)^2\left(2w\frac{dN}{dv} + u\frac{dN}{dw} + Q\frac{dN}{dR}\right) \\ + (\beta_1 - \beta_2)^2\left(2w_1\frac{dN}{dv_1} + u_1\frac{dN}{dw_1} + Q\frac{dN}{dR_1}\right) \\ + (\alpha_1 - \alpha_2)(\beta_1 - \beta_2)\left(\begin{array}{l} 2R\frac{dN}{dv} + Q\frac{dN}{dw} + u_1\frac{dN}{dR} \\ + 2R_1\frac{dN}{dv_1} + Q\frac{dN}{dw_1} + u\frac{dN}{dR_1} \end{array}\right) \end{array}\right\} \end{array}\right\} = 0.$$

Le multiplicateur doit vérifier cette équation ; cherchons s'il peut être indépendant des masses.

Il suffit, pour cela, que l'on ait

$$(19)\quad \begin{cases} 2w\dfrac{dN}{dv}+u\dfrac{dN}{dw}+Q\dfrac{dN}{dR}=0,\\ 2R\dfrac{dN}{dv}+Q\dfrac{dN}{dw}+u_1\dfrac{dN}{dR}=0;\end{cases}$$

$$(20)\quad \begin{cases} 2w_1\dfrac{dN}{dv_1}+u_1\dfrac{dN}{dw_1}+Q\dfrac{dN}{dR_1}=0,\\ 2R_1\dfrac{dN}{dv_1}+Q\dfrac{dN}{dw_1}+u\dfrac{dN}{dR_1}=0.\end{cases}$$

Voyons quelle forme imposeront à N les conditions (19) et (20).

Intégrons la première des équations (19), en regardant N comme fonction de v, w et R. On a

$$\frac{dv}{2w}=\frac{dw}{u}=\frac{dR}{Q}=\frac{dN}{0},$$

d'où l'on déduit d'abord

$$N=C',$$
$$uv-w^2=C_1$$
$$Qw-uR=C_2.$$

De la dernière tirons la valeur de w; portons-la dans

$$Qdv-2wdR=0,$$

et intégrons en regardant C_2 comme constante, on trouve

$$Q^2v+uR^2-2wQR=C_3;$$

nous pouvons prendre

$$N=\varphi(C_1, C_3).$$

Exprimons maintenant que N satisfait à la seconde des équations (19), on arrive à

$$\frac{dN}{dC_1}+u_1\frac{dN}{dC_3}=0.$$

C_1 et C_3 étant indépendants de u_1, u_1 est une constante dans l'intégration ; on a donc

$$u_1 C_1 - C_3 = \text{const.} = \alpha;$$

α ne renfermant pas v_1, w_1, R_1, nous arrivons à cette conclusion, que

$$(21) \qquad N = F(\alpha, v_1, w_1, R_1),$$

F étant une fonction arbitraire.

Maintenant, si l'on exprime que N vérifie les relations (20), on trouve définitivement que N doit être de la forme

$$(22) \qquad N = F(\alpha, \alpha_1),$$

où l'on a

$$(23) \qquad \left\{ \begin{aligned} \alpha &= uu_1 v - u_1 w^2 - Q^2 v - uR^2 + 2wQR, \\ \alpha_1 &= uu_1 v_1 - uw_1^2 - Q^2 v_1 - u_1 R_1^2 + 2w_1 QR_1. \end{aligned} \right.$$

Il faut de plus que N satisfasse à l'équation suivante à laquelle se réduit l'équation (18),

$$(24) \qquad \left\{ \begin{aligned} &2w \frac{dN}{du} + 2w_1 \frac{dN}{du_1} + v \frac{dN}{dw} + v_1 \frac{dN}{dw_1} + Z\left(\frac{dN}{dR} + \frac{dN}{dR_1}\right) \\ &\qquad + (R + R_1)\frac{dN}{dQ} + \frac{dZ}{dR} + \frac{dZ}{dR_1} = 0. \end{aligned} \right.$$

Or, si l'on pose

$$(25) \left\{ \begin{aligned} P &= uvw_1 - w_1 w^2 - vQR_1 + wRR_1 + Z(wQ - uR), \\ P_1 &= u_1 v_1 w - ww_1^2 - v_1 QR + w_1 RR_1 + Z(w_1 Q - u_1 R_1), \end{aligned} \right.$$

l'équation (24) deviendra

$$(26) \qquad 2P\frac{dN}{d\alpha} + 2P_1\frac{dN}{d\alpha_1} + \frac{dZ}{dR} + \frac{dZ}{dR_1} = 0,$$

ou

$$(27) \qquad \left(2P\frac{dD}{dZ}\right)\frac{dN}{d\alpha} + \left(2P_1\frac{dD}{dZ}\right)\frac{dN}{d\alpha_1} = \frac{dD}{dR} + \frac{dD}{dR_1}.$$

Or on vérifie que

$$P\frac{dD}{dZ} = -\alpha\frac{dD}{dR},$$

$$P_1\frac{dD}{dZ} = -\alpha_1\frac{dD}{dR_1},$$

ce qui donne

$$(28) \qquad 2\alpha\frac{dD}{dR}\cdot\frac{dN}{d\alpha} + 2\alpha_1\frac{dD}{dR_1}\frac{dN}{d\alpha_1} + \frac{dD}{dR} + \frac{dD}{dR_1} = 0.$$

Pour intégrer cette équation, il faut intégrer le système

$$(29) \qquad \left\{\begin{aligned} & dN + \frac{d\alpha}{2\alpha}\cdot\frac{\frac{dD}{dR}+\frac{dD}{dR_1}}{\frac{dD}{dR}} = 0, \\ & dN + \frac{d\alpha_1}{2\alpha_1}\cdot\frac{\frac{dD}{dR}+\frac{dD}{dR_1}}{\frac{dD}{dR_1}} = 0, \\ & \frac{d\alpha}{\alpha}\cdot\frac{dD}{dR} = \frac{d\alpha_1}{\alpha_1}\cdot\frac{dD}{dR}. \end{aligned}\right.$$

La troisième relation nous donne

$$\frac{\frac{dD}{dR}+\frac{dD}{dR_1}}{\frac{dD}{dR}} = \frac{\alpha_1 d\alpha + \alpha d\alpha_1}{\alpha_1 d\alpha}, \qquad \frac{\frac{dD}{dR}+\frac{dD}{dR_1}}{\frac{dD}{dR_1}} = \frac{\alpha_1 d\alpha + \alpha d\alpha_1}{\alpha d\alpha_1}.$$

Alors les deux premières prennent la même forme, qui est la suivante :

$$dN + \frac{1}{2}\left(\frac{d\alpha}{\alpha} + \frac{d\alpha_1}{\alpha_1}\right) = 0,$$

d'où

$$\log M + \frac{1}{2}\log(\alpha\alpha_1) = \text{const.};$$

donc

$$\varphi(\log M + \log\sqrt{\alpha\alpha_1}) = C$$

est l'intégrale de l'équation (28).

On en déduit

$$M = \frac{1}{\sqrt{\alpha\alpha_1}}, \tag{30}$$

qui est l'expression du multiplicateur cherché.

On vérifie facilement que

$$\alpha\alpha_1 = B^2 - AC,$$

que α est le déterminant

$$\begin{vmatrix} u, & Q, & w, \\ Q, & u, & R, \\ w, & R, & v, \end{vmatrix}$$

et que α_1 est le déterminant

$$\begin{vmatrix} u_1, & Q, & w_1, \\ Q, & u, & R_1, \\ w_1, & R_1, & v_1. \end{vmatrix}$$

Troisième méthode.

Notre point de départ sera la formule

$$\frac{d.\log M}{dt} = \frac{\frac{dD}{dR} + \frac{dD}{dR_1}}{\frac{dD}{dZ}}. \tag{31}$$

D étant le déterminant

$$\begin{vmatrix} u, & Q, & w, & R_1, \\ Q, & u_1, & R, & w_1, \\ w, & R, & v, & Z, \\ R_1, & w_1, & Z, & v_1, \end{vmatrix}$$

$\frac{dD}{dR}$ est égal à la somme des déterminants Δ, Δ',

$$\Delta \left\{ \begin{matrix} u, & Q, & R_1, \\ w, & R, & Z, \\ R_1, & w_1, & v_1, \end{matrix} \right. \qquad \Delta' \left\{ \begin{matrix} u, & w, & R_1, \\ Q, & R, & w_1 \\ R_1, & Z, & v_1, \end{matrix} \right.$$

$\frac{dD}{dR_1}$ est égal à la somme des déterminants Δ_1, Δ'_1,

$$\Delta_1 \left\{ \begin{matrix} Q, & u_1, & R, \\ w, & R, & v, \\ R_1, & w_1 & Z, \end{matrix} \right. \qquad \Delta'_1 \left\{ \begin{matrix} Q, & w, & R_1, \\ u_1, & R, & w_1 \\ R, & v, & Z, \end{matrix} \right.$$

$\frac{dD}{dZ}$ est égal à la somme des déterminants δ, δ',

$$\delta \left\{ \begin{matrix} u, & Q, & w, \\ Q, & u_1, & R, \\ R_1, & w_1, & Z, \end{matrix} \right. \qquad \delta' \left\{ \begin{matrix} u, & Q, & R_1, \\ Q, & u_1, & w_1, \\ w, & R, & Z. \end{matrix} \right.$$

Or un déterminant ne change ni en grandeur ni en signe quand on le renverse; donc

$$\Delta' = \Delta, \quad \Delta'_1 = \Delta_1, \quad \delta' = \delta,$$

et, par conséquent,

$$\frac{d.\log M}{dt} = \frac{\Delta + \Delta_1}{\delta}; \tag{32}$$

or, le déterminant δ a la forme suivante, si l'on a égard aux relations (2):

$$\delta \left\{ \begin{matrix} (q_1^2 + q_3^2 + q_5^2), & (q_1 q_2 + q_3 q_4 + q_5 q_6), & (q_1 q'_1 + q_3 q'_3 + q_5 q'_5); \\ (q_1 q_2 + q_3 q_4 + q_5 q_6), & (q_2^2 + q_4^2 + q_6^2), & (q'_1 q_2 + q'_3 q_4 + q'_5 q_6); \\ (q_1 q'_2 + q_3 q'_4 + q_5 q'_6), & (q_2 q'_2 + q_4 q'_4 + q_6 q'_6), & (q'_1 q'_2 + q'_3 q'_4 + q'_5 q'_6). \end{matrix} \right.$$

Mais ce déterminant est égal au produit des deux déterminants

$$m \left\{ \begin{matrix} q_1, & q_3, & q_5, \\ q_2, & q_4, & q_6, \\ q'_1, & q'_3, & q'_5; \end{matrix} \right. \qquad n \left\{ \begin{matrix} q_1, & q_3, & q_5, \\ q_2, & q_4, & q_6, \\ q'_2, & q'_4, & q'_6. \end{matrix} \right.$$

De même le déterminant Δ étant égal à

$$\Delta \left\{ \begin{array}{lll} (q_1^2+q_3^2+q_5^2), & (q_1q_2+q_3q_4+q_5q_6), & (q_1q'_2+q_3q'_4+q_5q'_6); \\ (q_1q'_1+q_3q'_3+q_5q'_5), & (q'_1q_2+q'_3q_4+q'_5q_6), & (q'_1q'_2+q'_3q'_4+q'_5q'_6); \\ (q_1q'_2+q_3q'_4+q_5q'_6), & (q_2q'_2+q_4q'_4+q_6q'_6), & (q'^2_2+q'^2_4+q'^2_6), \end{array} \right.$$

est aussi le produit des deux déterminants

$$\alpha \left\{ \begin{array}{lll} q_1, & q_3, & q_5, \\ q'_1, & q'_3, & q'_5, \\ q'_2, & q'_4, & q'_6; \end{array} \right. \qquad \beta \left\{ \begin{array}{lll} q_1, & q_3, & q_5, \\ q_2, & q_4, & q_6, \\ q'_2, & q'_4, & q'_6; \end{array} \right.$$

et Δ_1 étant

$$\Delta_1 \left\{ \begin{array}{lll} (q_1q_2+q_3q_4+q_5q_6), & (q_2^2+q_4^2+q_6^2), & (q'_1q_2+q'_3q_4+q'_5q_6); \\ (q_1q'_2+q_3q'_4+q_5q'_5), & (q'_1q_2+q'_3q_4+q'_5q_6), & (q'^2_1+q'^2_3+q'^2_5); \\ (q_1q'_2+q_3q'_4+q_5q'_6), & (q_2q'_2+q_4q'_4+q_6q'_6), & (q'_1q'_2+q'_3q'_4+q'_5q'_6), \end{array} \right.$$

peut être remplacé par le produit des deux déterminants :

$$\alpha_1 \left\{ \begin{array}{lll} q_1, & q_3, & q_5, \\ q_2, & q_4, & q_6, \\ q'_1, & q'_3, & q'_5; \end{array} \right. \qquad \beta_1 \left\{ \begin{array}{lll} q_2, & q_4, & q_6, \\ q'_1, & q'_3, & q'_5, \\ q'_2, & q'_4, & q'_6. \end{array} \right.$$

On aura donc

(33) $$\frac{d.\log \mathrm{M}}{dt} = \frac{\alpha\beta + \alpha_1\beta_1}{mn}.$$

Or, on voit que

$$\beta = n, \quad \alpha_1 = m.$$

Comparons α et m; α est égal et de signe contraire à

$$\alpha' \left\{ \begin{array}{lll} q_1, & q_3, & q_5, \\ q'_2, & q'_4, & q'_6, \\ q'_1, & q'_3, & q'_5, \end{array} \right.$$

que l'on déduit de α en changeant la deuxième ligne horizontale en la troisième, et *vice versâ*.

Or, α' se déduirait de m en changeant

$$q_2 \text{ en } q'_2, \quad q_4 \text{ en } q'_4, \quad q_6 \text{ en } q'_6;$$

mais on a

$$m = aq_2 + bq_4 + cq_6,$$

après avoir posé

$$\begin{aligned} a &= q_5 q'_3 - q_3 q'_5, \\ b &= q_1 q'_5 - q_5 q'_1, \\ c &= q_3 q'_1 - q_1 q'_3. \end{aligned}$$

Donc

$$\alpha' = aq'_2 + bq'_4 + cq'_6.$$

Or,

$$\frac{dm}{dt} = aq'_2 + bq'_4 + cq'_6 + q_2 \frac{da}{dt} + q_4 \frac{db}{dt} + q_5 \frac{dc}{dt}.$$

Ayant égard aux équations suivantes, établies dans le Mémoire de M. Bertrand :

$$\frac{dq'_1}{dt} = \sum m_1 m_2 \psi'(\rho_3^2)[2(\alpha_1 - \alpha_2)^2 q_1 + 2(\alpha_1 - \alpha_2)(\beta_1 - \beta_2) q_2],$$

$$\frac{dq'_2}{dt} = \sum m_1 m_2 \psi'(\rho_3^2)[2(\beta_1 - \beta_2)^2 q_2 + 2(\alpha_1 - \alpha_2)(\beta_1 - \beta_2) q_1],$$

$$\frac{dq'_3}{dt} = \sum m_1 m_2 \psi'(\rho_3^2)[2(\alpha_1 - \alpha_2)^2 q_3 + 2(\alpha_1 - \alpha_2)(\beta_1 - \beta_2) q_4],$$

$$\frac{d'_4}{dt} = \sum m_1 m_2 \psi'(\rho_3^2)[2(\beta_1 - \beta_2)^2 q_4 + 2(\alpha_1 - \alpha_2)(\beta_1 - \beta_2) q_3],$$

$$\frac{dq'_5}{dt} = \sum m_1 m_2 \psi'(\rho_3^2)[2(\alpha_1 - \alpha_2)^2 q_5 + 2(\alpha_1 - \alpha_2)(\beta_1 - \beta_2) q_6],$$

$$\frac{dq'_6}{dt} = \sum m_1 m_2 \psi'(\rho_3^2)[2(\beta_1 - \beta_2)^2 q_6 + 2(\alpha_1 - \alpha_2)(\beta_1 - \beta_2) q_5],$$

on vérifie facilement que

$$q_2 \frac{da}{dt} + q_4 \frac{db}{dt} + q_6 \frac{dc}{dt} = 0;$$

donc

$$\alpha = -\alpha' = -\frac{dm}{dt}.$$

Un calcul analogue conduirait à la conclusion

$$\beta_1 = -\frac{dn}{dt},$$

par conséquent,

$$\frac{d.\log M}{dt} = -\frac{m\frac{dn}{dt} + n\frac{dm}{dt}}{mn} = -\frac{d.\log mn}{dt},$$

(34) $$M = \frac{1}{mn}:$$

c'est une autre forme du multiplicateur que nous cherchons. M. Bertrand avait annoncé ce résultat dans son cours.

Nous trouvons donc, pour les différentes formes d'un des multiplicateurs du système (1),

(35) $$M = \frac{1}{\sqrt{B^2 - AC}} = \frac{1}{\sqrt{\alpha\alpha_1}} = \frac{1}{AZ + B} = \frac{1}{mn},$$

ou

$$Z = q'_1 q'_2 + q'_3 q'_4 + q'_5 q'_6 = \frac{-B \pm \sqrt{B^2 - AC}}{A},$$

$$A = uu_1 - Q^2,$$

$$B = Q(RR_1 + ww_1) - uw_1 R - u_1 wR_1,$$

$$\begin{aligned} C = {} & uv_1 R^2 + u_1 vR_1^2 - R^2 R_1^2 + 2 ww_1 RR_1 - 2 v_1 wQR \\ & - 2 vw_1 QR_1 - uu_1 vv_1 + vv_1 Q^2 + uvw_1^2 \\ & + u_1 v_1 w^2 - w^2 w_1^2; \end{aligned}$$

α est le déterminant

$$\begin{vmatrix} u, & Q, & w, \\ Q, & u_1, & R, \\ w, & R, & v, \end{vmatrix}$$

α_1 est le déterminant

$$\begin{vmatrix} u_1, & Q, & w_1, \\ Q, & u, & R_1, \\ w_1, & R_1, & v_1, \end{vmatrix}$$

m est le déterminant

$$\left|\begin{matrix} q_1, & q_3, & q_5, \\ q_2, & q_4, & q_6, \\ q'_1, & q'_3, & q'_5, \end{matrix}\right|$$

et n le déterminant

$$\left|\begin{matrix} q_1, & q_3, & q_5, \\ q_2, & q_4, & q_6, \\ q'_2, & q'_4, & q'_6. \end{matrix}\right|$$

Vu et approuvé,

Le Doyen de la Faculté des Sciences,

MILNE EDWARDS.

Permis d'imprimer,

Le 6 Janvier 1854,

Le Recteur de l'Académie de la Seine,

CAYX.

Paris. — Imprimerie de Mallet-Bachelier,
rue du Jardinet, 12.

PARIS. — IMPRIMERIE DE MALLET-BACHELIER, GENDRE ET SUCCESSEUR DE BACHELIER,
RUE DU JARDINET, 12.

www.ingramcontent.com/pod-product-compliance
Ingram Content Group UK Ltd.
Pitfield, Milton Keynes, MK11 3LW, UK
UKHW020319220726
13923UKWH00003B/1241

9 782016 112564